中国减排交易
政策效应仿真分析

虞先玉　周德群　桑秀芝　编著

清华大学出版社
北京

图书在版编目（CIP）数据

中国减排交易政策效应仿真分析 / 虞先玉，周德群，桑秀芝编著. -- 北京 ：清华大学出版社，2024. 12. -- ISBN 978-7-302-67581-5

Ⅰ. X511

中国国家版本馆 CIP 数据核字第 20249UB522 号

责任编辑：刘　杨
封面设计：何凤霞
责任校对：赵丽敏
责任印制：刘　菲

出版发行：清华大学出版社
　　　网　　　址：https://www.tup.com.cn，https://www.wqxuetang.com
　　　地　　　址：北京清华大学学研大厦 A 座　　　邮　　编：100084
　　　社 总 机：010-83470000　　　邮　　购：010-62786544
　　　投稿与读者服务：010-62776969，c-service@tup.tsinghua.edu.cn
　　　质量反馈：010-62772015，zhiliang@tup.tsinghua.edu.cn
印 装 者：涿州市般润文化传播有限公司
经　　销：全国新华书店
开　　本：185mm×260mm　　印　张：13　　　字　　数：312 千字
版　　次：2024 年 12 月第 1 版　　　印　　次：2024 年 12 月第 1 次印刷
定　　价：69.00 元

产品编号：098968-01

FOREWORD

With the rapid growth of the global economy, human economic behaviors and activities have triggered environmental problems such as global warming, resulting in the melting of glaciers and the rise in sea levels, which pose a serious threat to human survival and sustainable development. Carbon dioxide emissions are the primary cause of climate warming. The increasing demand for energy has led to a rapid depletion of fossil fuels such as coal and oil worldwide, consequently elevating the levels of greenhouse gases such as carbon dioxide in the atmosphere. Therefore, urgent action is required to mitigate global climate change by intensifying efforts in energy conservation and emission reduction, which is a shared responsibility of individuals, enterprises, and organizations worldwide. Currently, most countries are gradually shifting their focus on energy utilization towards enhancing energy efficiency and developing clean and renewable energy sources.

As a highly responsible country committed to addressing climate change, China aims to achieve the goal of limiting global warming to less than 1 degree Celsius above pre-industrial levels, as proposed by the 26th Conference of the Parties to the UnitedNations Climate Change Conference (COP26). In 2021, President Xi Jinping announced China's commitment to becoming carbon-neutral by 2060 and discontinuing subsidies for the construction of coal-fired power plants in foreign countries. At the closing ceremony of COP26 on November 13, 2021, many countries, including China, pledged to achieve carbon neutrality by 2050, reduce methane emissions by 30 percent by 2030, phase out coal usage, and eliminate subsidies for inefficient fossil fuels. China fully support the United Nations Climate Change Conference in Dubai in 2023 and looks forward to collaborating with other parties to ensure the continuity of the 28th Conference of the Parties (COP28) to the UN Framework Convention on Climate Change. This demonstrates China's commitment and leadership as a major global power.

According to the International Energy Agency (IEA), China, as the world's largest carbon emitter, emitted over 11.9 billion tons of carbon in 2021, accounting for approximately 33 percent of global carbon emissions. As urbanization andindustrialization continue to progress, the pressure to reduce carbon dioxide emissions intensifies. Addressing this challenge, particularly enhancing energy efficiency, is crucial for China's high-quality economic development. Consequently, the Chinese government has formulated a series of pertinent emission reduction policies to support renewable power development, including a carbon emissions trading market, emissions trading policy, renewable energy quota system, and green certificate trading system. Hence, this book serves as a significant guide for future endeavors. Hopefully, all nations participating in President Xi's brilliant Belt and Road Initiative will follow China's ethical leadership in practicing environmental stewardship in their industrial, agriculture, and infrastructure development, and other economic development. This book has a key role to play in promoting sustainability both within and among the nations of the world, including those situated along China's modern Silk Road. Translation of this book into many other languages would be very helpful.

In pursuit of the goal of achieving carbon-neutral growth by 2020, the Chinese government has initiated carbon trading pilot project in Beijing, Tianjin, Shanghai, Guangdong, and Hubei. Carbon emissions trading furnishes China with a market mechanism that converts emissions into assets for producers, incentivizing emission reduction while capping total emissions, thereby lowering overall carbon emissions. Presently, China has established a national carbon market, marking the dawn of the "Carbon-Constrained" era. However, the establishment of the carbon market has prompted Chinese companies to expedite sustainable development reforms and promote carbon emissions reduction. Companies must implement prudent investment strategies to better mitigate the impact of the national carbon market. Facing domestic and international pressure to reduce emissions, the Chinese government has also experimented with alternative emissions trading policies. China's first emissions trading center was established in Jiaxing in 2007, with full implementation of paid emission rights utilization and trading in 2015. Emissions trading policies enable the Chinese government to integrate policy instruments with the market to control environmental pollution. Additionally, the renewable energy feed-in tariff (FIT) subsidy system effectively promotes carbon emissions reduction. China introduced the FIT system in 2005, facilitating rapid development in the wind power and photovoltaic power sectors, making significant contributions to energy structure adjustment. However, the FIT system has also brought challenges, such as a widening gap in subsidy funds and increasing rates of "curtailed wind and solar power". Formulating a rational FIT policy warrants serious consideration by the Chinese government. Moreover, to promote the sustainable development of renewable energy, the renewable energy quota system (REQS) and green certificate trading system are being trialed in China. The National Energy Administration of China released the "Renewable Energy Electricity Quota System Exposure Draft" three times in March, September, and November of 2018, concurrently with reducing subsidies for renewable energy feed-in tariffs to spur technological progress among renewable power companies. The Chinese government still has a considerable distance to traverse in achieving green development and needs to rationalize pertinent emission reduction policies.

Crucial to achieving low-carbon development are the efforts of the Chinese government，necessitating a meticulous analysis of the effects of different emission reduction trading policies and the synergies generated by their implementation. This facilitates the formulation of targeted emission reduction policies and exploration of effective emission reduction pathways. Based on these considerations，the book titled "Simulation Analysis of the Effects of Emission Reduction Trading Policies in China" by Professor Xianyu Yu，Professor Dequn Zhou，and Associate Professor Xiuzhi Sang presents a series of significant research findings on China's emission reduction trading policies. The book comprehensively examines the implementation effects and impacts of single or cross-cutting emission reduction trading policies from various policy perspectives. Moreover，it analyzes direct policies such as carbon emissions trading and emissions trading，alongside their synergistic effects，and discusses the impact of carbon allowance auctions on China's carbon market. Furthermore，this timely book explores the synergies between alternative policies such as the renewable energy feedin tariff subsidy system， renewable energy quota system，and green certificate trading system，conducting a comprehensive comparative analysis.

Drawing from Chinese and international research findings，the book introduces innovative ideas in terms of means，methods，and perspectives through multidisciplinary comprehensive research，reflecting the authors' profound theoretical expertise and remarkable understanding of practical issues in emission reduction trading policy research. This valuable book may also serve as a vital reference for researchers and practitioners alike. I will certainly be recommending this wellconceived and well-written book to my colleagues around the globe. I will be proudly displaying a copy of this fine book at a prominent location on my bookshelf.

I wish the reader a rewarding journey through the imposing landscapes of this wonderful book.

Most respectfully yours，

Keith W. Hipel

中科院外籍院士、加拿大滑铁卢大学教授、加拿大皇家科学院前主席、中国政府友谊奖获得者

2024 年 8 月 11 日

序 言
FOREWORD

　　能源是社会经济发展的动力。自工业革命以来,人类对化石能源持续地不加控制地开采和利用,导致了我们当前面临着化石能源逐渐枯竭的风险和生态环境的严重破坏。因此,能源与环境问题成为世界各国关注的焦点。

　　中国作为全球第二大经济体,能源的消耗日益增长。随着中国经济的持续增长和工业化进程加速,能源消耗和碳排放也呈现出快速增长的趋势。这种情况不仅对中国的环境质量和生态平衡造成了严重影响,也对全球气候和生态系统构成了挑战。

　　2007年,中国首次成为世界第一大二氧化碳排放国。其主要原因是中国在经济发展过程中对化石能源的需求日益增加,由此带来的资源、环境、气候、安全等矛盾也日益突出。截至2020年,中国排放了100亿吨与能源有关的二氧化碳,对应人均排放量为7吨,远超世界人均排放量的4.75吨。因此,中国积极参与气候变化全球治理,一方面维护了国家生态安全、促进经济可持续发展的内在需求,另一方面也体现了一个大国应对气候变化的国际责任。

　　当前,中国积极推动能源生产和消费方式的转变,以市场化手段引导企业减少碳排放,激励企业采取更环保的生产方式,促进可再生能源的发展,降低对化石能源的依赖,减少温室气体的排放。同时,通过政策支持和宏观调控,中国大力降低环境污染、提高资源利用效率,促进绿色发展模式的转型,实现经济增长与环境保护的双赢局面。

　　面对日益严峻的能源与环境问题,中国出台了包括碳排放权交易、可再生能源上网电价补贴、可再生能源配额以及可交易绿色电力证书等在内的一系列相关减排政策。这些政策法规的出台旨在通过市场机制激励企业减少碳排放,推动能源结构调整,促进清洁能源的发展。然而,政策实施过程中也存在一些问题。首先,监管不力影响了减排政策的执行效果。其次,目前的碳交易市场机制尚不完善,存在信息不对称、交易成本高等问题,以至于限制了减排交易的规模和效率。因此,评估当前政策的有效性和局限性,为未来政策的制定提供科学依据至关重要。

　　该书基于能源与环境问题和减排交易政策实施现状,以产业结构和能源结构优化的重要性和紧迫性为出发点,从不同的政策视角研究单一或交叉的减排交易政策的实施效果和影响,通过深入分析政策的实施情况和减排效果,介绍相关政策潜在的问题与改进空间,进一步完善减排政策体系,提高政策的执行力度和减排效果,从而助力解决中国能源结构以及减排交易市场建立过程中的困难。这有助于中国减排交易政策研究的理论体系的丰富和发展,同时能够为企业决策和国家政策提供有力的理论支持和参考。

　　总体而言,该书的内容是基于探索性、拓展性和前瞻性的研究,体现了实用性、先进性和创新性的科研工具与方法,是一本集系统性和实用性于一体的重要学术著作。该书的面世具有时代特色,该书为应对全球气候变化对环境、经济和社会日益凸显的影响,减少碳排放,提供了保护生态环境、实现可持续发展等的理论指导。为中国实现"碳达峰、碳中和"的战略目标,积极引领相关国际事务、推动全球减排工作打下了理论基础。减排是一项长期性、系统性的艰巨工作,需要深耕细作、持之以恒。期待本书为中国和世界的减排工作提供有效的指导与支持,为全球应对气候变化贡献中国智慧和力量。

谭忠超

加拿大工程院院士、宁波东方理工大学讲席教授

2024 年 8 月 21 日

前言

PREFACE

实现碳达峰、碳中和是中国对国际社会的庄严承诺,也是中国统筹国内国际两个大局做出的重大战略决策。为此,必须优化产业结构和能源结构,大力发展新能源,促进二氧化碳减排。二氧化碳减排通常会带来企业经营成本的增加,部分负责任的企业会自愿主动减排,但对于大多数企业而言,需要通过政府的节能减排政策和治理规则推动。中国早在宣布碳达峰、碳中和目标前就已经出台了一系列的应对气候变化的政策,通过人为制造的市场和价格信号引导二氧化碳减排资源的优化配置,控制能耗企业的排放,鼓励可再生能源电力的发展,从而降低全社会减排成本,对碳达峰、碳中和目标的实现意义重大。这些气候政策包括碳排放权交易政策、排污权交易政策、可再生能源上网电价补贴机制、可再生能源配额制和绿证交易制度等,各政策之间彼此多维耦合与协同,相互作用,不仅对中国二氧化碳减排进程产生了影响,也为企业寻求二氧化碳减排带来了新机会、新机遇。

为此,本书对中国减排交易政策的效应进行研究,针对各政策建立相应的仿真模型,研究各政策的协同效应。全书共分为11章,主要内容概括如下:第1章为绪论,简要介绍减排交易政策实施的背景,梳理各政策实施现状及研究现状;第2章分析全国碳排放权交易政策的效应;第3章分析碳排放配额拍卖的时空异质性;第4和5章分析碳排放权交易政策与排污权交易的协同效应及其受"双碳"目标的影响;第6和7章分别在绿证交易和电价补贴机制协同效应的研究中考虑了"政府、电力企业"双方博弈和"政府、电力企业、电网"三方博弈;第8和9章研究碳排放权交易与绿色电力证书交易的协同效应及其与电价补贴机制的协同效应;第10章综合比较分析中国节能减排交易政策;第11章对全书研究获得的主要观点与结论进行总结,并对减排交易政策的未来研究方向提出展望。

本书的撰写和出版得到了王群伟教授、查冬兰教授和其他老师的关心和支持,也先后得到了国家自然科学基金(72274094、71834003、71774080)、国家社会科学重大基金(22ZDA113)、中央高校基本科研业务费专项资金资助(NR2021002、NS2022074)的支持和资助。非常感谢南京航空航天大学能源软科学团队董倬嘉、许麓西、于静、张雅婷等同学在本书部分内容修改和校对过程中付出的辛勤工作。感谢清华大学出版社编辑老师为本书的撰写和出版提供的帮助。感谢长庚大学 Ching-Ter Chang 教授、南京航空航天大学葛胜贤、许麓西、吴泽民、吴晴、惠智灵、傅秋雨、李翔、姜琰恺等同学在本书的相关研究过程中的辛勤付出和支持。

由于作者的能力水平有限,书中难免有错误和不妥之处,欢迎读者批评指正。

作　者

2024 年 9 月 5 日

扫码获取本书彩图

目 录
CONTENTS

图 表 目 录

第1章

绪论

1.1　减排交易政策实施背景

近几十年来,随着经济的发展、人口的增加、社会生活水平的提高,人类对于能源的需求正在以惊人的速度增长,化石能源作为世界能源舞台的主角,被大量开发和利用,由此带来的环境问题日益突出,温室效应问题已对人类的生产与生活产生了不容忽视的影响。随着气候雄心峰会的召开和"双碳"目标的提出,当前世界各国逐渐将能源利用的焦点转向提高能源的利用效率及发展清洁的可再生能源。

我国是世界上最大的发展中国家,也是全球最大的能源消费国之一,且正处于工业化、城镇化进程加快的时期,能源消费强度较高。随着经济规模的进一步扩大,能源需求还会持续较快地增加。目前来说,中国主要消耗以煤炭资源为主的化石能源,能源消费结构失衡。化石能源的长期开发和利用不仅加剧资源的枯竭,还会产生过量的温室气体及其他污染物,导致空气及环境受到污染,从而严重影响人民生活水平的提高及经济的可持续发展。

1997 年 12 月,联合国在日本京都召开了《联合国气候变化框架公约》缔约国会议,此次大会的主要目的是抑制全球变暖,大会决定通过限制发达国家温室气体排放量的手段改善全球环境,形成的决议被称为《京都议定书》,该议定书中提出了包括碳交易(carbon trading)机制在内的三项碳排放减排机制。碳排放权交易机制是指将二氧化碳的排放权商品化,形成对二氧化碳排放权的交易市场,这种交易目前已成为有效降低碳排放的重要工具。

同时,世界各国将能源利用的焦点逐渐转向提高利用能源的效率及发展清洁的可再生能源,众多发达国家例如美国、德国及英国等已经非常重视发展可再生能源,将其提高到国家能源战略发展的高度,大力发展使用清洁能源。已有大量研究表明,可再生能源产业的发展有利于调整能源结构、促进经济增长、提升科技实力、减少二氧化碳排放等。为逐步优化中国的能源结构,降低对煤炭等不可再生能源的依赖度,中国政府也十分重视可再生能源电力的发展。由于可再生能源进入的是一个既有市场,并且该市场被原有的化石能源占据,因此两者难免发生冲突。当高效清洁的新技术与高污染的传统技术产生冲突时,需要政府采取相关措施解决,因此相关减排政策就成为支持可再生能源发展必不可少的因素。

1.2　减排交易政策实施现状

减排交易政策经过几十年的演变,目前主要包括两种类型:一种是直接型减排交易政策,是指政府为了直接限制企业排放而实施的相关减排政策,例如排污权交易制度、碳排放权交易制度等;另一种是替代型减排交易政策,是指国家从发展可再生能源的角度,为了优化能源结构而减少排放的相关制度,例如可再生能源上网电价补贴制度、可再生能源配额制及其配套实施的绿色电力证书交易制度等。下面分别对现行的主要减排政策进行介绍。

1.2.1　碳排放权交易政策

碳排放权交易的含义是在设定强制性的碳排放总量控制目标及允许进行碳排放配额交易的前提下,通过市场机制优化碳排放空间资源配置,从经济上对碳排放企业进行管控,基于市场机制手段减少温室气体的排放。与行政指令、经济补贴等减排手段相比,碳排放权交易政策是一种实施成本更低、更可持续的碳减排政策工具。

目前国际上碳排放权交易市场由配额交易市场和自愿交易市场两种市场组成。配额交易市场的目的是实现减排目标,可划分为基于配额的市场和基于项目的市场两类。自愿交易市场则是配额主体自愿参加交易,其目的是履行社会责任、扩大品牌效应、提高影响力等。

碳排放权交易市场的基本机制是:政府监管部门设定某地区的碳排放配额总量,按照一定的规则分配到各被纳入碳排放权交易体系的企业。火电企业同样会获得自身的碳排放配额,由于各火电企业在生产及技术上的差异性,其对碳配额量的需求也不尽相同。若企业实际碳排放量少于政府规定的碳配额,企业可以选择将多余的碳配额在碳排放权交易市场出售以获得收益,这些企业可称为CET证书供应企业;而当企业实际碳排放量超出政府规定的限额后,为避免高额罚款,企业会在碳排放权交易市场中购买一定的碳配额,这些企业为CET证书需求企业。CET证书供应企业和CET证书需求企业同样参与电力市场的交易并从中获得收益。

随着《巴黎协定》的签署,中国加快了碳排放权交易市场的建设。2017年,国家发改委首次正式公布了全国碳排放权交易市场建设方案(发电行业),这成为中国碳约束时代的一个新起点。根据国家发改委的数据,纳入全国碳排放权交易市场的发电企业排放的二氧化碳总量超过30亿吨。据估计,中国的排放交易体系未来可能超过欧盟排放交易体系,成为全球最大的碳排放权交易市场。

1.2.2　排污权交易政策

排污权交易是指在污染物排放总量控制指标确定的条件下,利用市场机制,建立合法的污染物排放权利,即排污权,并允许这种权利像商品那样被买入和卖出,以此进行污染物的排放控制,从而达到减少排放量、保护环境的目的。

排污权交易的主要思想是建立合法的污染物排放权利(这种权利通常以排污许可证的形式体现),以此对污染物的排放进行控制。它是政府用法律制度将环境使用这一经济权利与市场交易机制相结合,使政府这只有形之手和市场这只无形之手紧密结合控制环境污染的一种较为有效的手段。

2007 年,嘉兴建立了中国第一个排污权交易中心,标志着中国排污权交易逐步制度化、规范化和国际化。2009 年重庆市启动排污权交易,2015 年全面实施排污权有偿使用和交易。

1.2.3　可再生能源上网电价补贴制

可再生能源上网电价(feed in tariff,FIT)补贴政策又称固定电价政策,政府明确规定可再生能源电力的上网电价,通过补贴使电力公司从符合资质的可再生能源生产商处购买可再生能源电力,购买价格根据每种可再生能源发电技术的生产成本而定,且上网补贴价格一般呈逐年递减趋势,以鼓励可再生能源发电企业提高技术水平、降低生产成本。

可再生能源上网电价补贴制度主要在德国、西班牙、丹麦等欧洲国家实行,其中德国是实行补贴制的典范。中国从 2005 年起开始引进 FIT 制度,在 FIT 制度的支持下,我国风电、光伏电力等可再生能源发电行业快速发展,取得了巨大成就,为调整能源结构作出了突出贡献。截至 2019 年年底,我国可再生能源发电装机容量达到 7.9 亿千瓦,约占全部电力装机的 39.5%。风电、光伏发电首次"双双"突破 2 亿千瓦。可再生能源年发电量超过 2 万亿千瓦时。水电、风电、太阳能发电、生物质发电可再生能源装机容量持续领跑全球。

FIT 政策实施后,在高额补贴政策驱动下,中国可再生能源电力装机容量得以超高速发展,但也遇到了各国发展光伏所遭遇的问题和挑战,并与中国原有僵化的电力体制产生种种摩擦和矛盾。其中尤为突出的是,中国可再生能源发电的补贴资金缺口急剧膨胀、"弃风""弃光"比例不断攀升。由于装机规模发展超出预期等原因,可再生能源发电补贴资金缺口较大,以致部分企业补贴资金不能及时到位。截至 2015 年年底,政府补贴资金缺口达410 亿元。"十二五"以来,我国出现了严重的"弃风"和"弃光"问题,风电和太阳能发电平均利用小时数大幅下降,且"弃风""弃光"现象有愈演愈烈的趋势。

1.2.4　可再生能源配额制与绿证交易制度

可再生能源配额制(renewable portfolio standard,RPS),即一个国家或地区通过法律形式对可再生能源发电在电力供应中所占的份额进行强制规定,企业完成可再生能源配额的方式有两种:一是通过自身生产直接提供可再生能源电力;二是通过在市场上购买代表同等电量的可再生能源证书代替直接生产可再生能源电力,未完成政府强制要求的可再生能源发电比例的发电商必须向政府支付高昂的罚款。

绿证交易制度将市场机制和鼓励政策进行有机结合,使各责任主体通过高效率和灵活的交易方式,以较低的实施成本完成政府规定的配额。政府监管方根据国家可持续发展计划制定每个时期某地区的可再生能源配额制标准,同时向可再生能源电力企业核发绿色电力证书。根据国家能源局发布的《可再生能源电力配额制征求意见稿》,可再生能源电力企业每生产一兆瓦时电力,政府会向其核发一个绿色电力证书。电网公司作为可再生能源配额制的配额主体,在其销售的电力中可再生能源电力所占的比例必须达到 RPS 标准,若达不到,则需在绿证市场中购买绿色电力证书。绿电企业同样通过电力交易参与到电力市场中。

RPS 主要在美国、加拿大、澳大利亚等国实行,其中美国是实行 RPS 最成功的国家。目前全世界已有 60 多个国家和地区实行了这两种方式中的一种或两种。为推动可再生能源的可持续发展,缓解政府财政压力,同时改善"弃风""弃光"严重的局面,2017 年1 月,国家能源局发布《关于试行可再生能源绿色电力证书核发及自愿认购交易制度的通知》,拟于 2018 年起开展配额考核和绿证强制约束交易。2018 年 3 月、9 月和 11 月,国家能源局三次发布《可再生能源电力配额制征求意见稿》,并在最后一次意见稿中指出,我国于 2019 年 1 月 1 日起正式进行配额考核。同时国家开始下调可再生能源上网补贴额度,促进可再生能源电力企业推动技术进步。2018 年 5 月,《关于 2018 年度风电建设管理有关要求的通知》及《关于 2018 年光伏发电有关事项的通知》先后发布,其核心是通过下调电价补贴释放出强烈的信号——控制需要国家补贴的电站规模,鼓励不需要国家补贴的发电项目。

1.3　减排交易政策相关研究与发展

本书参阅了大量有关减排交易政策的期刊论文,对不同国家运行机制的特点、国内实施这些机制的前景与主要问题、复杂系统仿真方式等资料进行了收集与分析,根据发展现状与现存问题确定了研究方向,验证了本书思路的可行性。现有的大量文献资料对本书撰写有很大的参考价值,现对目前国内外研究现状进行总结。

1.3.1　排污权交易制度研究

关于污染物的排放,从排污权交易的角度看,早在 1997 年,美国一所学校的学生就进行了一个比较减少污染成本和获得排放许可成本的博弈(Nugent)。Chen 等(2021)解释了产权理论,提出了排污权界定、排污权交易、排污权重组的总体规划。Lu(2011)为了研究 SO_2 排放交易的实际表现,通过采访意外发现太原市二氧化硫排放交易计划似乎无效。然而,Liao(2011)等基于系统动力学理论建立了中国污染物交易模型,发现自 2011 年以来,交易政策对 SO_2 排放总量控制的效果一直在稳步提升。电网平衡模型的建立表明,总排放不超过总排放许可(Li 和 Liu,2013)。针对二氧化硫排污权交易对平均减排成本(APAC)和边际减排成本(MPAC)的影响,(Tu 和 Shen,2014)通过计算发现,交易政策可以有效降低 APAC 和 MPAC。Ma 等借助 CGE 模型,通过模拟发现,在现有 SO_2 交易机制下,中国只有少数地区能够达到国家 SO_2 排放标准。从中国能源的角度看,为减少污染物的排放,中国的能源结构需要从木材、煤炭等一次能源向可再生能源转变。Zhao 等(2017)认为,经济发展或非农业劳动力市场的发展及人力资本的积累有助于加快中国农村能源转型的进程。此外,Tomas Baležentis 和 Dalia Štreimikiene(2019)认为,为了保持中国能源生产和消费的效率,能源结构的转变需要以财政激励为指导。Chen 等从污染源的角度研究发现,中国的煤炭消费量在逐渐下降,而印度的煤炭消费量在逐渐增加。国际社会应加强对印度排放的监督和支持,以缓解环境压力。与能源和污染物变量相关的生产力指数(LPI)的变化从东南沿海向西部内陆递增,因此 Wu 等(2019)提出政府需要加强西部的环境规制。针对电力行业,多位学者对电力行业的碳交易政策进行了探讨。

1.3.2　碳排放权交易制度研究

Stern(2006)在研究中指出,碳交易机制优于碳税政策。之后,Linares 等(2008)构建了一个市场均衡模型以解决排放许可和可交易绿色电力证书解决方案,允许每个公司同时解决电力、碳和绿色电力证书市场。Keohane(2009)为了研究碳交易机制是否能取得良好的减排效果,通过研究得出结论:在总排放限额设置适当的情况下,碳交易机制中的减排目标总是能够得到保证。虽然目前许多国家和地区都在实施碳交易政策,但不同国家和地区在各自减排承诺下的碳减排边际成本不同。2011 年后,由于中国的自愿参与,许多中国学者也开始研究中国的交易机制状况。Cui 等(2014)构建了跨省碳交易模型,将其分为无碳、覆盖试点和覆盖整个区域进行分析讨论。Li 等(2019)认为,ETS 是一种有效的 CO_2 减排策略,碳排放权交易系统(ETS)应逐步降低自由配额比例。随着 2017 年中国全国统一碳排放权交易系统的正式启动,Tang 等(2017)在多主体模型的基础上引入了 ETS 拍卖机制。关于如何分配碳排放配额,Zhang 和 Hao(2017)研究了中国碳排放配额分配,在考虑碳减排能力、责任和潜力的情况下,使分配方案达到帕累托最优。在碳交易机制效率方面,Zhao 等(2017)分析了中国四大碳交易市场,认为中国目前的碳交易市场效率较弱,但市场的扩大可以提高效率。关于碳减排效率,Li 等认为碳金融交易的扩大和碳金融的市场机制可以提高碳减排效率。Zhou 等(2019)提出了一种结合数据包络分析(DEA)、层次分析法(AHP)和主成分分析(PCA)的碳排放许可证分配方法。随着欧盟排放交易机制的逐渐成熟,Ralf Martin 等(2016)总结了学者的研究及一些欧盟国家和企业提供的数据表,认为碳交易制度对经济的影响很大,第二阶段的减排效果比较明显。与此同时,他们一致认为,创新可以使欧盟碳排放权交易系统更具动态效率,可再生能源义务和发电上网电价比碳交易更能推动创新。

1.3.3　可再生能源上网电价补贴制度研究

在补贴制度下,政府不会对可再生能源电量设立明确的总量目标,但其对可再生能源发电的上网电价有明确规定,并要求电力公司必须全额收购可再生能源发电。随着世界主要国家电价改革的推进,许多学者对可再生能源电价补贴机制的实施效果进行了研究。史丹(2009)研究认为政府补贴等财政激励政策支持了我国可再生能源的迅速发展,为消除农村能源贫困发挥了至关重要的作用。Fais 等(2014)对德国实施 FIT 政策的效果进行分析,并建立能源系统模型比较 FIT 与其他可再生能源支持政策的政策效果。林伯强和李江龙(2014)对中国风电标杆电价政策进行了量化评价,最终认为从经济利益上考虑的中国风电产业尚无法仅依靠标杆电价政策而形成一个纯市场导向的产业安排。邵传林(2015)基于中国工业企业大样本数据及省级层面的制度数据实证检验了制度环境、政府财政补贴对企业创新绩效的影响效应,研究发现与没有获得政府财政补贴的企业相比,获得政府财政补贴的企业创新绩效高出 1.48%。李力和张昕(2017)为准确评价固定电价政策效果并优化 FIT 水平,提出了优化投资者决策行为的量化模型,研究了可再生能源产出的不确定性对投资者最优投资时间和装机容量的影响,同时以政策成本最小化的方式优化政府完成预期装机部署目标时所需的 FIT 水平。高楠(2017)选取 2007—2015 年的光伏上市企业为样本,实证分析了直接补贴和税收优惠对光伏企业成长性的影响,得出以下结论:直接补贴和税收优惠都对光伏企业的成长性有正向促进作用。Yang 等(2019)对 2007—2016 年中国 92 家可再生能源上市公司的面板数据进行了分析,得出政府补贴对我国可再生能源投资具有正向作用。Yan 等(2019)分析了中国 344 个地级市建设和运营一个分布式太阳能光伏项目整个生命周期的净成本和净利润,并得出这些城市都能在不补贴的情况下实现太阳能光伏电价低于电网电价的结论。

此外,有些学者对 FIT 机制的设计进行了研究。Lesser 和 Su(2008)以正向容量市场设计为模型提出了一个 FIT 政策设计,包括基于容量的支付和基于市场的能源支付两部分,可用于实现监管机构的可再生能源政策目标。这两部分 FIT 方案吸收了传统方案的优势,依靠市场机制,易于实施,避免了因高于市场水平的能源支付而扭曲能源批发市场带来的问题,该设计已被美国几个地区传输组织实施,以满足对新发电容量的需求,并确保系统可靠性。Ks 等(2009)从 FIT 政策定义、支付结构选择和支付差异化等方面探讨了上网电价政策的设计和运行,并讨论了州一级的 FIT 政策和 RPS 政策之间的潜在交互。阳芳和周源俊(2010)通过借鉴德国光伏发电上网电价政策的经验,提出了制定具有经济可行性的光伏上网电价,并且按照学习效应导致的成本降低率,确定逐年递减光伏上网定价。许可和李祖剑(2014)以葡萄牙风电固定电价政策为例,分析了固定电价政策的电价机制和电价算法,并根据固定电价公式对风电场项目的电费收入进行了预测;同时简要介绍了葡萄牙即将出台的风电新政策,将葡萄牙固定电价政策与我国目前的分区域标杆电价政策进行了对比,并对我国进一步深化和完善风电电价政策提出了建议。Pyrgou 等(2016)以 FIT 政策在丹麦、德国、塞浦路斯和西班牙 4 国的应用为例进行分析,建立了一个描述 FIT 政策导致崩溃的条件模型,并进行了参数分析,以揭示不同参数对其影响的敏感性。李立等(2017)基于固定上网电价政策建立了实物期权框架下的多主体完全抢滩博弈模型,刻画了 FIT 政策下投资者的投资决策及市场电价的动态演变,为政府及投资者提供参考。Ding 等(2020)通过建立动态规划模型分析得出政府补贴对可再生能源技术的快速发展起到了重要的推动作用,并且从长期来看,为保持较高的政策效率,政策支持水平的下降速度应快于可再生能源技术成本的下降速度。

1.3.4 可再生能源配额制研究

RPS 的主要目的是解决可再生能源电力的供应问题,由于 RPS 下可再生能源的供给量明确、可预计,因此在政策强制性目标制定合理的情况下,不存在可再生能源电力供应不足或不稳定的问题。RPS 一个重要的配套机制是绿色电力证书交易机制(tradable green certificates,TGC)。许多学者对欧美国家实施可再生能源配额制的经验进行了分析研究。郭祥冰等(2004)通过实地考察,对美国促进可再生能源发展的政策和实践,包括政策支持与可再生能源发展的相关性、RPS、购电法制度、可再生能源上网电价补贴政策等方面,进行了较深入的调查了解,并对得州、加州和纽约州 RPS 的核心内容和实施效果进行了分析。Contaldi 等(2007)通过建立意大利能源—环境系统模型对 RPS 政策进行评价,研究发现 RPS 政策有助于能源安全、气候问题缓解和能源生产收入在全国的分配。罗承先(2016)对美国加州实施可再生能源配额制的制度框架、制度实施状况、制度设计要点进行了分析研究,总结出了我国实施配额制的几点思考。Helgesen 和 Tomasgard(2018)调查了挪威引入

RPS 和 TGC 政策以促进可再生能源发电对经济的影响。Hulshof 等 (2019) 对欧洲 20 个国家 2001—2016 年的绿证实施效果进行了评估,研究发现尽管参与绿证交易的可再生电力的份额越来越大,但绿证市场流动性差,绿证价格波动很大。

基于对欧美国家实施 RPS 政策的经验研究,不少学者将研究集中于 RPS 和绿证交易市场在我国的发展前景,并且很多学者对 RPS 政策的推行持有乐观态度,认为其在制度可持续性、缓解可再生能源"弃电"、改善能源结构等方面具有明显优势。王辉等 (2019) 搭建了 RPS 下跨省区电力交易市场架构,厘清各交易主体间复杂的电力供需关系,随后考虑消费者偏好因素,采用效用函数刻画消费者决策行为;在此基础上,以利润最大化为目标,分别建立了供应链非合作和合作状态下各交易主体的最优决策模型,并采用逆向归纳法求解各交易主体的最优交易策略。最后通过算例分析验证所提出模型和方法的有效性,为各交易主体参与跨省区电力交易决策提供参考。李星龙 (2019) 从我国可再生能源电力配额制政策制定的目的及背景出发,针对第三稿条款对实行的效果及对生物质发电的影响进行了深入分析,提出了应对措施和相关建议。赵新刚等 (2019) 在构建配额制与发电厂商策略行为演化博弈模型的基础上,分析了配额制的相关制度准参数对发电厂商策略行为的影响。结果表明,配额制与发电厂商策略行为的演化博弈均衡,取决于相关的制度准参数(如配额和单位罚金)、绿色电力证书市场的交易成本及发电厂商的边际成本差额,其中,采用科学的配额、较高的单位罚金及较低的交易成本和边际成本差额时,绿色电力证书市场更为有效,配额制这一强制性制度变迁更易成功;反之反是。Fan 等 (2019) 依据中国发布的 RPS 配额标准对 2020 年各省的可再生能源发电装机计划进行了优化。蒋轶澄等 (2020) 对 RPS 政策的市场框架和市场主体间的关系进行了分析,对中国 RPS 制度建设给予启示。Wang 等 (2020) 基于我国电力规划约束和 2016—2030 年目标,为南方电网公司服务的五省开发了中长期优化模型,并找到了其实现 RPS 目标的最优策略。但是也有一些学者认为 RPS 政策在我国实施会导致一些问题。Song 等 (2020) 对我国 2017—2018 年 7 个省份实施 RPS 和 TGC 的市场运行效率进行了测度,研究发现了部分省份的配额标准不合理、可再生能源市场效率低下等问题。

1.4　减排交易政策效应研究意义

本书的理论意义主要体现在以下两个方面:一方面,现有对减排交易政策的研究还是集中在单一政策的影响研究,以及对不同政策实施效果的对比研究上。本书分别从不同的政策视角,研究了单一或交叉减排交易政策实施的效果和影响。另一方面,研究内容涉及经济学、管理学、社会学等多学科知识的融合创新,丰富和发展了减排交易政策研究的理论体系。研究方法上具有较强的多学科交叉特色,重点运用了计量经济学方法、博弈理论及系统动力学方法等。

实践意义主要体现在以下两个方面:一方面,目前中国的减排交易政策与市场体系还不完善,建立全国排污权、碳排放权交易市场,固定电价政策补贴下降或配额制配额上升,必将对中国的经济和环境带来影响,如何确定中国能源结构并建立减排交易市场是中国电力改革面临的重要难题。另一方面,本书旨在研究我国在实施碳排放权交易、固定电价上网和可再生能源配额制等政策的过程中市场各主体的决策演变过程,动态展示减排交易政策变化对我国环境、能源结构及经济的影响,最终为各利益主体提供发展策略建议。

1.5 本书的主要内容与结构安排

本书的研究内容共分为 11 个章节,分别从不同的政策视角,研究单一或交叉减排交易政策的实施效果和影响。其中第 2~5 章研究直接型减排交易政策的效应分析,第 6 和 7 章研究替代型交易政策的效应分析,第 8 和 9 章对直接型和替代型交易政策的协同效应进行研究,第 11 章为总结与展望部分。

第 2 章讨论全国碳排放权交易市场的影响。基于系统动力学理论及投资战略分析,本章内容针对中国大型国有电力企业提出了一个系统动力学模型,在考虑宏观层面的碳市场与能源市场的影响后,在 3 个不同的政策情境,即保守、基准、活跃下进行仿真,以分析 4 种不同投资战略产生的经济与环境效益影响,探索如何选择合适的投资战略,实现战略转型,以应对未来全国碳交易市场带来的冲击。

第 3 章探讨碳排放配额拍卖的时空异质性实施问题,建立了碳排放权交易和绿证交易市场的区域碳排放仿真模型,以探索引入碳排放配额拍卖的最有效方式;进行了情景分析,评估了碳价格和可再生能源组合等政策要素,并为中国的碳排放权交易市场有序、高效地向拍卖过渡提出了建议。

第 4 章聚焦碳排放权交易与排污权交易中的整合效应问题,采用系统动力学仿真方法对重庆的碳排放权交易市场和排污权交易市场进行研究。分析了重庆电力工业经济中两市场的组合效应及其对环境的影响,基于仿真数据得出了 3 种仿真结果,并对电力行业排污权交易和碳排放权交易提出合理建议,使电力行业排污权交易机制更加有效。

第 5 章分析碳排放权交易政策在云计算行业的实施效应,通过确定云计算行业的系统要素和边界构建纳入政策和技术模块的云计算行业碳排放系统仿真模型,通过有效性检验后设置不同策略情景进行仿真模拟,比较碳减排策略对云计算行业的影响效果;运用 DEA 模型测度纳入经济、碳排放等指标在内的综合效率值,量化策略效果,从而得出策略选择建议;总结仿真模拟和效率评价得到的研究结论,提出相关建议并展望未来研究。

第 6 章研究绿证交易和上网电价补贴机制的集成效应。为减轻政府补贴负担,促进可再生能源电力消化,完成固定电价政策向可再生能源配额制(RPS)及绿证交易(TGC)的转变需要科学的制度设计。首先建立了政府与光伏企业的演化博弈模型,分析了博弈达到稳定均衡条件(实施 RPS,进行 TGC 交易)的政策参数。其次进行了系统动力学建模,验证博弈模型的正确性,之后又分析不同政策参数对演化结果、绿证交易量、社会福利的影响,最终为国家制定补贴政策提供一定的理论依据。

第 7 章分析可再生能源配额制度、绿证交易和电价补贴系统,探究其对可再生能源发展的政策有效性。采用中国 31 个省份 2015—2019 年的省级面板模型,分别以补贴第一次退坡政策和绿证交易政策的生效时间为分界点进行准自然实验,利用倾向匹配得分和广义双重差分法检验两种政策对可再生能源发展的影响。接着以经济效益、环境效益及可再生能源消纳为研究目标,建立了一个基于监管者、可再生能源电力公司和电网公司的三方演化博弈模型以探索补贴政策和配额制二者后续的演进,并根据支付矩阵进行三方主体在各种情景下的收益分析与稳定性分析,探索出各主体的演化博弈机理。随后引入系统动力学模型,在演化博弈分析的基础上,将监管者、可再生能源电力公司和电网公司纳入同一动力学系统,针对不同政策情景进行仿真分析,研究政府补贴政策、可再生能源配额制和绿证交易政策的最优设定方式。最后总结可再生能源激励政策组合的影响效应,提出我国减排交易政策的改进建议。

第8章探讨碳排放权交易制度、可再生能源上网电价补贴机制及可再生能源配额制的协同效应。在碳排放权交易市场和绿证交易市场共同实施的交易机制下,分析火力发电的利润空间止负影响,以及火力发电装机总量的发展趋势,并预测可再生能源发电的利润空间和可再生能源发电装机总量的未来发展趋势。

第9章探讨碳排放、绿色电力证书与电价补贴机制的协同效应研究,构建电力行业的碳排放—绿色电力证书—电价补贴耦合系统的仿真模型,分析碳排放—绿色电力证书和电价补贴政策对电力企业利润和碳减排的耦合效应。

第10章进行中国节能减排交易政策仿真综合比较分析。在前面章节研究的基础上,探讨碳排放权交易市场、绿证交易市场和电价补贴政策的仿真组合效果。使用第9章建立的碳排放权交易、绿色电力证书交易和电价补贴逐渐退坡政策背景下的系统动力学仿真模型,增加仿真系统中代表3种不同政策的参数(可再生能源配额标准的增长率、电价补贴降低率和碳交易价格效应系数)的选择组合,针对各种政策组合效应进行综合对比分析。

第11章论述了减排交易政策协同研究的主要观点与结论,以及减排交易政策协同研究的未来展望。

第2章
全国碳排放权交易政策的效应分析

2.1　全国碳排放权交易市场实施问题分析

2.1.1　研究背景

2017年,随着国家发改委正式宣布开始建设全国碳交易市场,中国正式迎来了"碳约束"时代。在全国碳交易市场建设初期,以占全国碳排放量43%的发电行业为主要对象,而我国的发电市场基本为"五大集团""四小豪门"等大型国有发电集团所垄断,其中仅五大发电集团发电量就占了中国全年发电量的一半,年碳排放量占全国总碳排放量的近15%,因此五大发电集团在全国碳交易市场中的地位不言而喻。

根据Deloitte(2018)的研究,随着中国碳交易市场的逐步完善,预计在碳交易市场运行的初期,大型国有发电企业的碳配额缺口将由3亿元/年猛增至10亿元/年(而这些大型国企原来的利润也不过数十亿元)。这迫使电力企业不得不慎重考虑其未来的投资战略,迅速转型,以应对来自碳市场的巨大压力,否则将无法应对碳排放带来的经营风险。

对政府而言,其设立碳市场的初衷是倒逼发电企业改革以减少碳排放,从而实现2030年全国碳排放达到峰值的目标,履行《巴黎协定》承诺。若政策标准制定过紧,很可能使这些大型国企产生巨大的成本压力而导致经营风险,因此政府也要先考虑企业所能承受的成本,再制定相应的政策标准。

2.1.2　研究意义

对于发电企业而言,最紧迫的两个问题是:在全国碳市场建设前期(短期内),即在一个相对宽松的政策标准下,应当采取何种短期投资战略? 而随着碳市场逐步发展,面对长期政策标准的逐步收紧,又应当采取何种长期投资战略?

对于政策制定者而言,一方面需要通过碳市场带来的碳成本压力倒逼企业进行可持续发展改革,使全国碳排放总量在2030年前顺利到达峰值;另一方面,政府需要在政策标准上制定得恰到好处,如果标准过低,则可能导致碳市场失效,欧盟碳市场的经验已经告诉我们,低迷的碳价无法给企业造成压力;而如果标准过高,则可能给企业带来过高的额外成本,导致巨大的经营风险,危及发电、航空、石化等战略性、公共行业的正常发展。

我们的研究旨在解决这两个痛点问题,作为当前全国碳交易市场最重要的微观主体,发电企业长期和短期分别应采取何种投资战略从而更好地减轻全国碳交易市场带来的冲击?对于政府而言,要制定何种宏观政策标准,可以既不过多地伤害发电企业的经济利益,又能将适当的碳成本压力传导至企业,迫使其成功转型?除了碳交易市场,还可以通过哪些政策进行辅助?

2.1.3　研究方法

本书采用的研究方法主要为系统动力学理论,由美国麻省理工学院(MIT)的福瑞斯特教授首创,系统动力学被广泛应用于复杂的宏观经济社会系统与微观企业管理建模过程,我们熟知的传染病模型就可以通过系统动力学实现。系统动力学在研究复杂性、动态性问题上独具优势,就碳市场的研究而言,系统动力学被广泛应用于分析碳交易市场影响的政策仿真过程(Tang et al.,2012;Tang et al.,2016;Cheng et al.,2017;Zhao et al.,2017;Zhang et al.,2020),拥有非常成熟的理论体系。

其核心思想为:系统结构决定系统行为,通过寻找系统的最优结构获得最优的系统行为。其基本应用流程大体可概括为:通过对系统的剖析,建立系统的因果关系反馈图,再将其转为存量流量图,建立系统动力学模型。最后通过仿真语言进行模拟,完成对真实系统结构的仿真。

系统动力学在分析动态与复杂的经济与管理问题时十分有效(Zhao et al.,2015),以往大多用于宏观系统建模,而我们在分析市场微观主体的投资战略时,创新性地将系统动力学进一步应用于发电企业的投资战略分析,从而能更好地分析发电企业投资的系统性与动态性过程,从系统本身出发,挖掘最优投资战略。

本章利用 Anylogic 软件进行模型建立与实验。Anylogic 是一种广泛应用于离散系统动力学、多智能体和混合系统建模和仿真的工具。基于最新的复杂系统设计方法论,它是第一个将 UML 语言引入模型仿真领域的工具。与其他仿真软件相比,它在系统动力学方面具有独特的优点,如变量和参数的拖动方便、关系书写方便、具有数据库接口等。由于 Anylogic 强大的集成能力、图表输出能力和实验分析能力,我们可以使用其系统动力学模块进行复杂动态系统的仿真和模型机理的研究。首先在系统动力学部分使用 Anylogic 软件绘制因果回路;其次绘制存量流量图,并对子系统进行划分;最后,在有效性验证后进行对比操作实验,完成了本研究模型的构建和分析。

2.2　全国碳排放权交易市场仿真模型的建立

2.2.1　模型基础

在本章中,我们选取五大发电集团之一的大唐集团(中国大唐集团有限公司)作为我们建模和仿真的基础。根据大唐集团年报,本书中的"火电"特指煤电,"绿电"则特指水电、风电和光伏。如表 2.1 所示,2008—2017 年,燃煤机组始终占发电机组的主导地位。

表 2.1　大唐集团 2008—2017 年机组容量分布变化　　　　　单位：%

年　份	火电机组	风电机组	水电机组	光伏机组
2008	89.29	0.16	10.55	0.00
2009	88.73	0.67	10.60	0.00
2010	88.18	1.20	10.62	0.00
2011	84.08	3.30	12.54	0.08
2012	83.75	3.74	12.33	0.18
2013	83.52	3.98	12.32	0.18
2014	83.14	4.17	12.23	0.46
2015	80.71	4.43	14.41	0.45
2016	80.81	4.65	13.86	0.68
2017	73.02	4.56	18.63	0.79

2.2.2　政策环境

1. 新能源价格

由于技术进步和政府补贴支持,近年来新能源电价保持稳定下降的趋势(NDRC 2009, NDRC 2013, NDRC 2014, NDRC 2015, NDRC 2016, NDRC 2017, NDRC 2018a, NDRC 2018b, NDRC 2019)。根据国家能源局的研究,预计陆上风能和光伏的发电成本将在接下来的十年分别持续下降约 25% 和 60%。美国能源部也预测,到 2030 年,全球光伏发电成本可降至 3 美分/(kW·h),使其成为最具竞争力的发电技术。因此,中国已宣布未来取消新能源补贴,实现电网平价(NDRC,2019)。

2. 外部机制设定

目前,中国碳交易市场的交易和结算平台由上海负责,登记平台由湖北负责。故本书在政策制度上的设计也主要考虑湖北与上海的碳交易政策(NDRC,2018)。配额的分配采用基准法,即免费配额分配以行业部门基准为基础,并根据实际生产变化进行事后调整(NDRC,2017；ICAP,2019)。

2.2.3　模型架构分析

在系统动力学(system dynamics,SD)中,因果回路图只适于表达系统中的因果关系和反馈回路,一般用于建模人员间了解系统结构,简单来说,因果回路图的作用是说明整个系统的基本结构与运行机理。在本模型中,主要包含 4 个正反馈和 2 个负反馈回路(原文有列示),反馈回路是 SD 模型能持续运行的根本原因,类似人体的血管静脉与动脉的关系,一个反馈回路失效,可能导致整个系统瘫痪。图 2.1 中的正(负)号表示自变量的增加导致因变量的增加(减少)。

2.2.4　存量流量图

作为大型国有发电集团,大唐集团除了发电部门,还拥有部分煤炭、化工业务。然而,本

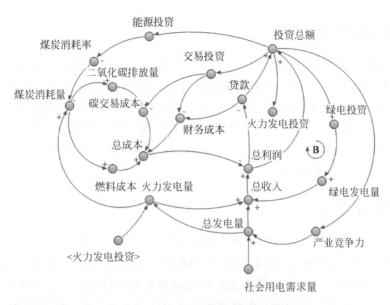

图 2.1　全国碳交易市场因果回路图

研究仅关注其发电部门。为了厘清影响电力企业运营的主要因素,本研究对其 2008—2017 年的年报进行了梳理和分析。

通过存量流量图,图 2.2 在图 2.1 因果回路图的基础上进一步细化,用变量对发电企业的整个投资经营流程进行进一步的定量化描述,其中内生变量中包含相关的计量公式。外生和内生变量如表 2.2、表 2.3 所示。

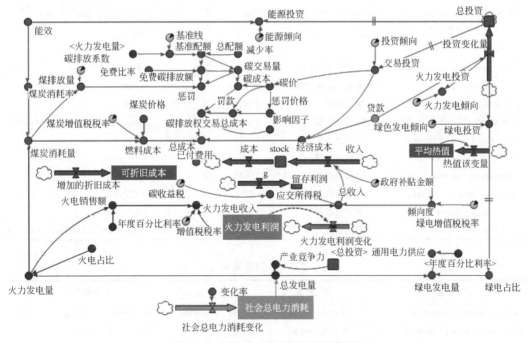

图 2.2　全国碳交易市场存量流量图

2.2.5　数据来源

本研究数据主要来源于企业财报(2008—2017 年)、权威数据库(中国能源数据库、Wind)、政府机构(国家发改委等)和权威报告(Deloitte,2018)。大唐集团的财报还披露了详细的企业内部数据,包括弃电率、折旧成本、目前的市场份额和年度现金流等,厂用电率、碳价等外生变量是通过表函数输入真实值设定的。由于煤炭价格复杂多变,因此 2008—2017 年煤炭价格由表函数人为设定,2018—2025 年煤炭价格在每吨 500～550 元设定了一个随机数实现价格的随机波动。

2.2.6　变量设置

本节主要介绍系统动力学模型中使用的内生及外生变量。表 2.2 中的外生变量均来源于权威数据库、大唐集团年报、国家发改委(NDRC)、国家环境局(NEA)、国家税务总局(SAT)等的真实数据。一些无定值的变量通过表函数或将计量公式与历史真实数据拟合后设定。表 2.3 中内生变量的所有内部公式均采用计量公式与真实数据拟合或参考其他论文得到。

表 2.2　外生变量

变 量 名 称	变 量 含 义	缩写	单位	值	数 据 来 源
Growth in depreciation costs	折旧成本的增长	GDC	b¥	15	Corporate annual reports
Annual government subsidy	年度政府补贴金额	AGS	b¥	30	Corporate annual reports
Auxiliary power ratio	辅助功率比	Rap	%	—	Corporate annual reports
Abandoned electric rate	废弃电力占比	Rae	%	—	Corporate annual reports
Growth rate of Total electricity consumption	总电力消耗增长率	RTSEC	%	—	NEA
Total social electricity consumption	社会总电力消耗	TSEC	TWh	—	NEA
Carbon quota ratio	碳排放配额比例	R_{cq}	%	—	NDRC
Coal Price	煤炭价格	P_{coal}	¥	—	Wind
Carbon price	碳交易价格	P_{carbon}	¥	—	China Emissions Trading Network
Carbon emission coefficient	碳排放系数	CEC	t	2.64	NDRC
Carbon emission baseline	碳排放基线	CEB	g/(kW·h) 845		Guangdong, NDRC
Value added tax rate	增值税率	VAT	%	17	SAT
Corporate income tax rate	公司所得税税率	CIT	%	25	SAT
Clean energy tax rate	清洁能源税率	CET	%	10	SAT
Coal reserves	煤炭储量	CR	Mt	0.017	China National Energy Database

表 2.3　内生变量

变 量 名	变 量 含 义	缩写	单位	来源与公式
Green electricity investment	绿色电力投资	GI	billion	Total investment$\times T_{green}$
Green electricity proportion	绿色电力比例	Gep	%	$1471\mathrm{e}-07\times I_{green}+0.0393$
Green Power generation	绿色电力生产	GPG	TWh	$Gg\times Gep$
Coal consumption rate	煤炭消耗率	CCR	t/(kW·h)	$0.0003504-0.000298\times \mathrm{EFF}_{energy}$

变　量　名	变　量　含　义	缩写	单位	来源与公式
Coal consumption	煤炭消耗量	$\text{Cons}_{\text{coal}}$	bt	TPG×CRR
Industry competitiveness	产业竞争力	I_Comp	—	Enterprise competitiveness＋Rep_{corp}
thermal power generation proportion	火力发电比例	$T\text{pgp}$	%	$1-G\text{ep}$
Gross generation	总发电量	Gg	TWh	TSEC×Compe_i
Energy efficiency	能效	$\text{EFF}_{\text{energy}}$		3.3
Corporate reputation	企业声誉	Rep_{corp}	—	$(-5\text{E-}011)\times\text{pow}\times\text{TTI}^{0.73}+(9\text{E-}09)\times I_{\text{green}}^{1.02}$
Thermal power generation	火力发电量	TPG	TWh	$Gg\times T\text{pgp}+I_{\text{therm}}\times157\text{E-}04$
Thermal power income	火力发电收入	TPI	b¥	$\text{TPG}\times P_{\text{thermal}}\times(1-\text{VAT})$
Fuel cost	燃料成本	C_{fuel}	¥	$P_{\text{coal}}\times\text{Cons}_{\text{coal}}\times(1+\text{VAT})$
Retained profits	留存利润	RP	¥	Income−cost−payable income tax
Penalty price	惩罚价格	P_{penalty}	¥	$4\times P_{\text{carbon}}$
Income tax payable	应缴所得税	ITP	%	business income×CIT
Total carbon tradingcosts	碳排放权交易总成本	TCTC	b¥	Carbon cost＋penalty price
Free carbon quota ratio	免费碳排放额比例	R_{free}	%	Artificial Settings based on the scenarios
Thermal power investment tendency	火力发电投资倾向	TTI	%	Artificial Settings based on the scenarios
Green power investment tendency	绿色电力投资倾向	GPI	%	Artificial Settings based on the scenarios
Transaction investment tendency	交易投资倾向	TRIT	%	Artificial Settings based on the scenarios
Energy-reduction technology investment tendency	节能技术投资倾向	EIT	%	Artificial Settings based on the scenarios

2.2.7　有效性检验

在进行系统动力学仿真时,只有保证模型的有效性,才能进行系统仿真预测,因此必须进行有效性检验(Peterson et al.,1994)与历史数据进行比对后,再由此合理预测 NCET 市场对我国发电企业的影响。如表 2.4 所示,历史数据误差均保持在 4% 以内,一般 10% 以内均可认为有效,证明了本模型有效,可以进行预测。(在本研究结果发表时,由于无法得到2018—2019 年的数据,故未进行比对,而在夏令营之前又对 2018 年、2019 年的数据进行了误差检验,均在 5% 以内,进一步论证了模型的有效性)。

表 2.4　有效性检验

年份	煤耗率			碳排放			火电发电量		
	真实值	仿真值	误差/%	真实值	仿真值	误差/%	真实值	仿真值	误差/%
2008	332.0	331.6	−0.12	1.041	1.064	2.15	1178	1173.723	−0.20
2009	323.5	323.6	−0.28	1.119	1.147	2.33	1290	1280.746	−0.72
2010	323.6	321.3	−0.71	1.337	1.385	3.48	1574	1548.617	−1.60
2011	319.7	317.5	−0.69	1.471	1.489	1.24	1713	1723.860	0.64
2012	317.3	313.6	−1.17	1.442	1.452	0.67	1682	1707.483	1.52
2013	313.8	310.4	−1.07	1.311	1.358	3.92	1602	1563.129	−2.33
2014	309.3	307.8	−0.48	1.296	1.309	1.06	1557	1559.289	0.14
2015	303.7	303.6	−0.04	1.203	1.225	1.78	1473	1453.460	−1.19

续表

年份	煤耗率			碳排放			火电发电量		
	真实值	仿真值	误差/%	真实值	仿真值	误差/%	真实值	仿真值	误差/%
2016	300.7	303.8	1.04	1.241	1.219	−3.97	1454	1511.369	3.95
2017	300.6	302.0	0.45	1.434	1.388	−3.28	1698	1753.985	3.49

2.3 全国碳排放权交易市场仿真结果分析

2.3.1 主要投资策略

本节针对大唐集团提出了 4 种不同的投资战略,如表 2.5 所示。其中,稳健战略的制定是通过参考企业近十年的财务报表得出的。金融危机以来,中国的 9 大主要发电集团对绿电和火电机组的投资比例一直保持稳定。结合发电企业的实际情况,我们对每个投资比例都设定了上限和下限。

表 2.5 主流的电力企业投资战略

投资战略 / 投资倾向	传统战略	稳健战略	环保战略	创新战略
火电机组投资	0.60	0.45	0.30	0.30
绿电机组投资	0.35	0.45	0.60	0.50
能效技术投资	0.02	0.07	0.06	0.13
融资交易投资	0.03	0.03	0.04	0.07

2.3.2 政策情景设置

如表 2.6 所示,我们设置了 3 种政策情景:保守、基准和活跃。由于目前中国还未提出具体的全国统一政策,我们将上海和湖北的政策作为政策设定的主要参考。基准、配额比例降幅、罚款比例的设置均参照上海、湖北及欧盟的标准。碳价的走势主要参考 Deloitte (2018)给出的预测。

表 2.6 政策情景设置

值的设定 / 政策情景	基准/(g/(kW·h))	配额降幅/%	年均碳价涨幅/¥	罚款倍数(碳价的 X 倍)
保守	790	1	5	2
基准	750	2	10	3
活跃	700	4	15	4

1. 保守情景

在这种情景下,中国政府在配额分配上采取保守的态度,这意味着将设定相对宽松的基准,而免费配额也会以每年1%的降幅缓慢下降,基线也被定为相对宽松的790g/(kW·h)。然而,由图2.3可以看出,即使在保守的政策情景下,大唐集团原有的投资战略在长短期的效益上均表现不佳,而创新战略在环境成本和利润上都有很大的优势。这说明,即使碳市场约束变小,企业也应继续进行碳减排技术的改革和创新。技术的改革和创新不仅可以降低企业的碳交易成本,还可以提高企业的绿色发电比例。此外,稳健战略产生的利润与环保战略差异并不明显,而环保战略的环境效益远高于前者。

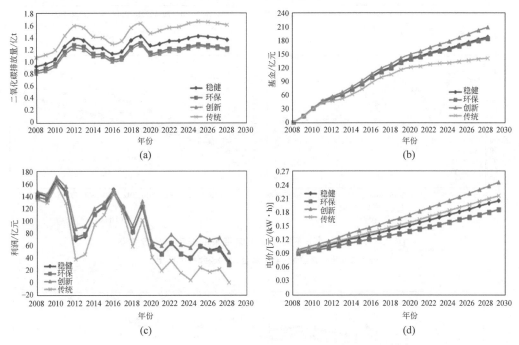

图2.3　保守情景下不同投资策略带来的经济与环境效益
(a)二氧化碳排放量；(b)基金；(c)利润；(d)电价

2. 基准情景

在这种情景下,政府的配额分配设置得相对适中。因此,R_{free} 将以每年2%的幅度下降,基准将被设置为750g/(kW·h)(NECD,2018),碳价格的年均涨幅将被设置为10。由图2.4可以看出,传统战略与其他战略相比表现最差。到2027年,传统战略的年利润将比创新战略低80亿元左右。从短期来看,环保战略带来的利润效应与创新战略相似；但长期来看,环保战略表现更优。

3. 活跃情景

在该情景下,由于目前的碳价无法迫使发电企业改变原有的投资战略,政府决定大幅降低配额以实现减排目标。同时政府会效仿欧盟 EU-ETS 引入拍卖制,推动碳价的持续上涨(Cong et al.,2012)。在该情景下,免费配额比例将以每年3%的幅度下降,基准设为700g/(kW·h)。如图2.5所示,随着政策的逐步收紧,环保战略将是最优投资战略。

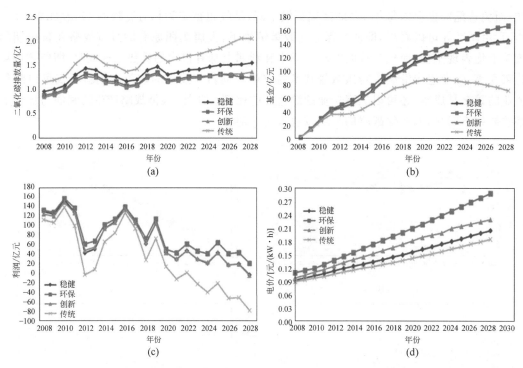

图 2.4 基准情景下不同投资策略带来的经济与环境效益

（a）二氧化碳排放量；（b）基金；（c）利润；（d）电价

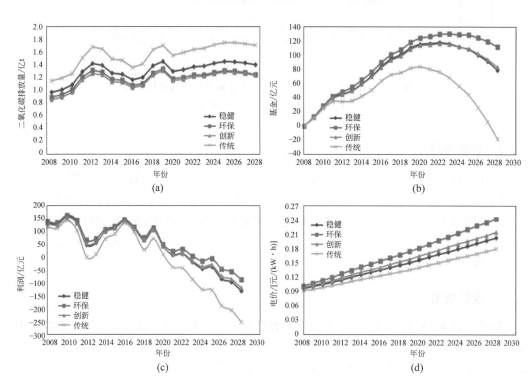

图 2.5 活跃情景下不同投资策略带来的经济与环境效益

（a）二氧化碳排放量；（b）基金；（c）利润；（d）电价

2.3.3　单位碳排放

　　"十三五"规划的一个重要目标是：到 2020 年将重点发电集团的单位度电碳排放控制在 $550g/(kW \cdot h)$（NDRC，2016）。在保守情景下，本研究比较了 4 种战略下的单位度电碳排放。由图 2.6 可以看出，即使采用最优的创新战略，在对减排技术投入大量资金后，碳排放绩效最少也只能达到 $557g/(kW \cdot h)$，因此在目前的政策情景下，大唐集团及中国其他重点发电集团可能无法实现"十三五"规划的目标。

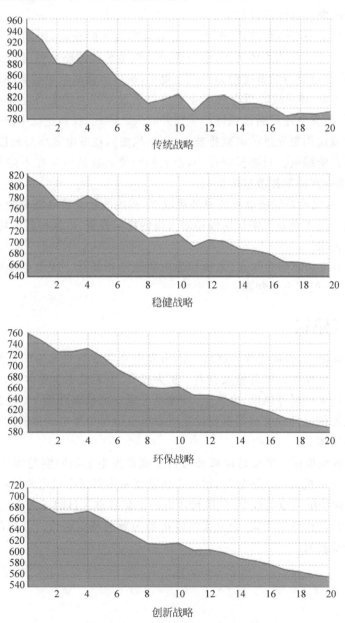

图 2.6　企业不同策略下的碳排放绩效

2.4   全国碳排放权交易市场实施政策建议

2.4.1   投资战略建议

为应对 2020 年以后全国碳交易市场对发电企业的冲击,本文基于系统动力学,结合中国国情,探讨了中国大型国有发电企业在 3 种可能的外部政策情景下应对全国碳交易市场冲击的最优投资战略。具体建议如下。

(1)企业短期应采用创新战略,即大幅增加减排技术的投资,短期内显著降低燃料成本。特别是在目前保守的政策环境下,创新战略始终是最优战略。但考虑到技术投资的边际效应递减,未来发电机组的减排潜力可能会更小,所以创新战略更适合在短期使用。

(2)从长期看,环保战略更有利于企业应对碳成本压力的上升。随着绿证交易制度的完善,可再生能源发电还可通过绿证产生额外收入。因此,我们建议中国国有发电企业短期内专注于开发或应用更先进的碳减排技术(创新战略),在发电效率与减排效率提升后,再长期专注于布局投资绿电。只要投资得当,企业的环境效益就可以在不降低经济效益的前提下得到提高,即存在帕累托改进的空间。

(3)相比之下,无论是经济效益还是环境成本,传统的投资策略将对企业利润产生越来越多的负面影响。然而企业仍需长期保持对火电的稳定投资,以保持其市场份额,满足中国快速增长的电力需求。

(4)随着电力市场改革的深入,电价和发电将逐步市场化。发电企业可以考虑将碳价成本转移到电价,以保证企业利润。

2.4.2   政策建议

(1)政策约束越少,碳减排效果越好。因为发电企业会有更充裕的资金投资减排技术和绿色发电设备。活跃的政策环境虽有利于扩大投资,但无益于企业盈利,扩大投资付出的代价往往是产生巨大的财务风险,事实上,即使是在保守的政策环境下,企业也可以在 2030 年前达到碳排放峰值。且政府必须重新设定对发电企业单位度电碳排放的目标要求,“550” 目标的实现并不现实。

(2)政府应尽快推进绿证交易体系和可再生能源发电配额制度的实施与完善,提高发电企业投资绿色发电机组的边际效益,增强市场微观主体对绿电机组的投资偏好。

(3)中国应加快电力市场改革,使碳价压力向下游转移。目前五大发电集团均为国企,发电量和上网电价均由政府指定,企业无法以市场为导向确定电价。开放的电力市场将进一步鼓励电力企业投资。

第3章

碳排放配额拍卖的时空异质性动态仿真分析

3.1 碳排放配额拍卖的时空异质性实施问题分析

3.1.1 研究背景

气候变化是 21 世纪的一项重大环境挑战。为应对这一问题,全球都在采取行动,以实现碳达峰和碳中和。中国政府承诺,通过推动经济结构绿色转型,在中长期经济增长目标与降低碳强度的约束性目标之间取得平衡,到 2030 年实现碳达峰,到 2060 年实现碳中和。其中最关键的措施之一,就是不断推进实现碳达峰和碳中和目标的顶层设计,不断制定和完善碳减排政策。近年来,CET 市场因其灵活性和成本效益而成为实现碳减排目标的一种流行方式(Wang et al.,2018),这种市场也是中国实现碳达峰的重要途径。

要建立统一的碳排放权交易市场,碳排放权的初始分配是首要问题,这是实现减排目标的基础,同时也要满足一定的经济公平和效率目标。2020 年 12 月 30 日,生态环境部发布了《2019—2020 年全国碳排放权交易配额总量设定与分配实施方案(发电行业)》,该方案采用基准法核算全国 CET 市场初始阶段重点排放单位拥有的 CEA,对 2019—2020 年配额实行免费分配,各省的配额量加总构成各省的总和,并进一步相加以确定全国的 CEA 总量。

3.1.2 研究意义

就中国而言,在向碳市场过渡期间预计采用混合分配模式分配碳配额。混合模式在初始阶段免费分配全部或大部分配额,以促进企业尽快接受碳排放权交易。混合模式对政策规划提出了具体要求,包括以下问题:在 CET 市场发展的哪个阶段应该实施 CEA 拍卖?这个问题对于实现日益紧迫的 2030 年和 2060 年碳目标尤为关键。如果 CEA 拍卖实施得太早,可能会给企业带来沉重的财务压力,使减排效果适得其反。如果实施得太晚或拍卖比例不足,则可能无法实现减排目标。因此,有必要研究实施中央排放权拍卖的最佳时机和方法。

目前,除 CET 之外,中国正在推广可再生能源组合标准(RPS)和传统能源补贴。这些都是新一轮电力体制改革的重要举措。可再生能源组合标准要求电力企业销售或购买一定比例来自可再生能源的电力。CET 和 TGC 直接影响市场参与者的决策,它们的协同作用可能鼓励电力行业形成竞争格局。因此,有必要在碳拍卖研究中考虑 RPS 和 TGC,并确定如何协调这两项政策,使其发挥最大效用。

本研究建立了 CET 和 TGC 市场的区域碳排放仿真模型,以探索引入 CEA 拍卖的最有效方式。我们还进行了情景分析,评估碳价格和可再生能源组合等政策要素,并为中国的 CET 市场有序、高效地向拍卖过渡提出了建议。

3.1.3   研究方法

本章运用系统动力学(SD)模型和 TOPSIS 方法,对 CEA 拍卖实施的政策情景进行仿真和分析,以评估其效益。本章研究概念框架如图 3.1 所示。

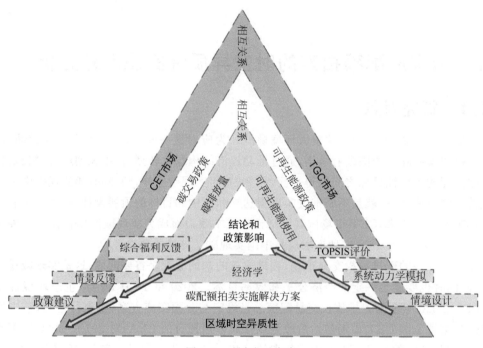

图 3.1   研究概念框架

1. SD 模型

SD 模型研究复杂系统各要素之间的动态变化和因果关系(Dong et al.,2012)。Forrester(2007)详细介绍了 SD 模型的发展历程,SD 模型能有效解决复杂系统问题,在碳减排领域被广泛应用于跟踪碳排放趋势和模拟碳减排效果(Luo,2023; Du et al.,2018; Wu et al.,2022)。SD 模型定义了研究对象,明确了系统边界,制定了系统各因素之间的因果链,最后模拟各种情景。

电力行业的碳排放系统是一个复杂的大系统,涉及不同的经济、能源和环境因素。通过定性分析,我们确定了系统边界和要素,构建了基于 CET 和 TGC 的区域碳排放综合 SD 模型,以探讨 CEA 拍卖的最佳实施时间,并评估关键政策参数的影响。然而,SD 方法无法对其仿真结果进行准确评估,因此我们又采用了 TOPSIS 方法。

2. TOPSIS 方法

TOPSIS 方法是一种根据多个评估对象与最优解和最劣解的接近程度对其优劣程度进行排序的方法（Hwang et al.,1981）。最佳解决方案是最接近最优解同时最远离最劣解的解决方案。这种方法在多目标决策分析中很常见,也很有效,因此对碳市场成熟度、风险等动力学研究贡献很大（Liu et al.,2019;Zhu et al.,2019）。

本研究采用 TOPSIS 方法对每种方案进行评估,并选出 CEA 拍卖的最佳实施方案。然而 TOPSIS 方法无法对这些方案进行动态分析,而动态分析对拍卖的实施时间尤为重要。因此,我们根据 SD 模型分析得出的系统状态采用了 TOPSIS 方法。评估方案的主要指标是 CO_2 排放量和 GDP,由于 CEA 拍卖要考虑环境和经济效益,所以权重必须尽可能接近实际情况,以获得最准确的结果。碳减排和经济发展一般不会同时进行,因为前者一般会带来某种形式的经济损失。因此,我们对这两个因素进行加权,以确定最佳平衡。

然后采用 TOPSIS 方法对结果进行评估。先采用最小—最大标准化方法对两个指标进行标准化。在这些指标中,CO_2 排放量是一个基于成本的变量,因此目标是在使 GDP 最大化的同时使其值最小。CO_2 排放量的标准化公式为

$$y_i = \frac{\max(x) - x_i}{\max(x) - \min(x)} \tag{3-1}$$

GDP 是一个基于收入的变量,因此指标越大,效果越好。其标准化公式为

$$y_i = \frac{x_i - \min(x)}{\max(x) - \min(x)} \tag{3-2}$$

每个解与最优解的距离 $d(s_i, S^+)$ 为

$$d(s_i, S^+) = d_i^+ = \sqrt{\sum_{j=1}^{n}(y_{ij} - Y_j^+)^2} \tag{3-3}$$

每个解与最劣解的距离 $d(s_i, S^-)$ 为

$$d(s_i, S^-) = d_i^- = \sqrt{\sum_{j=1}^{n}(y_{ij} - Y_j^-)^2} \tag{3-4}$$

经济和环境方面的问题是一并考虑的,因此我们为这两个指标设置的权重相同。每种方案的最终评分 C_i 为

$$C_i = \frac{d_i^-}{d_i^- + d_i^+} \tag{3-5}$$

本研究采用 TOPSIS 方法评估流程,全面考虑了碳配额拍卖产生的经济和环境影响,为选择最佳拍卖方案提供了科学依据。

3. 研究框架

结合 SD 模型和 TOPSIS 方法,对 CEA 拍卖实施的政策情景进行仿真和分析并评估其效益,为中国 CET 市场的转型发展提供政策建议。

本章研究框架如图 3.2 所示,包括两个阶段:第一阶段进行政策情景的系统动力学仿真;第二阶段采用 TOPSIS 方法评估各方案的综合效益。最后提出有效的战略建议和政策建议。

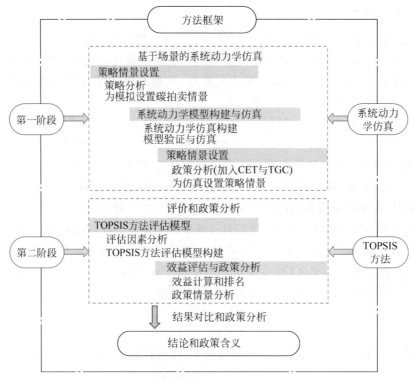

图 3.2   研究框架

3.2   碳排放配额拍卖的时空异质性仿真模型的建立

3.2.1   模型架构分析

SD 方法模型由 4 个子系统组成：CET、TGC、经济性及能源与环境。CET 包括拍卖比例、CEA 总数、碳交易价格和碳交易量等变量。TGC 包括可再生能源和电力消费比例、TGC 价格和 TGC 交易量。经济性包括 GDP、企业利润和碳排放成本。能源与环境包括 CO_2 排放量、CO_2 排放系数、能源效率、传统能源电力消耗量以及可再生能源电力消耗量。

图 3.3 显示了区域碳排放的因果循环图。4 个主要反馈回路如下。

（1）GDP→（＋）能源效率→（－）CO_2 排放→（＋）环境治理成本→（＋）GDP

经济发展推动了电力部门的技术投资，使 CO_2 排放量低于传统发电。随着碳排放量的减少，环境污染和相应的环境管理成本也随之下降，从而对 GDP 产生积极作用。

（2）GDP→（＋）总用电量→（＋）可吸收的可再生能源→（＋）未吸收量→（＋）吸收成本→（－）利润→（＋）GDP

当 GDP 上升时，对电力的需求也会上升。必须吸收一定比例的可再生能源电力。该省消耗的可再生能源量增加，CEA 未吸收量也会增加。因此，吸收成本增加，导致利润降低和 GDP 减少。

（3）GDP→（＋）能源效率→（－）CO_2 排放→（＋）免费 CEAs→（－）碳交易量→（＋）碳

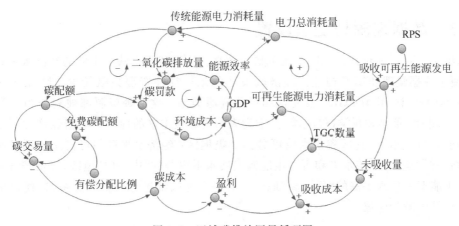

图 3.3　区域碳排放因果循环图

成本→（—）利润→（＋）GDP

经济发展水平的提高会提高电力部门的能源效率，从而降低 CO_2 排放。免费的 CEA 量减少，由此产生的碳交易量增加，大大增加了排放成本，导致利润下降，进而抑制 GDP 的增长。

（4）GDP→（＋）可再生能源消费→（—）TGC 交易量→（＋）吸收成本→（—）利润→（＋）GDP

3.2.2　区域碳排放存量流量图

随着整体经济发展水平的提高，科技水平不断提升，人们的环保意识也在不断增强，这反过来又会增加可再生电力的消耗，减少 TGC 交易量，降低可再生电力的消费成本。最后，较低的吸收成本会产生更多的利润，从而直接对 GDP 总量产生积极作用。

图 3.4 中的存量流量图源自图 3.3，以支持更详细的定量分析。

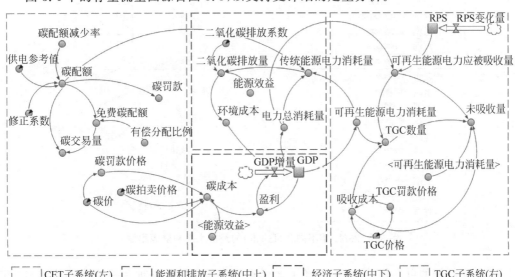

图 3.4　存量流量图

3.2.3 数据来源与变量设置

这项研究包括针对具体地区的政策情景仿真。所选省份反映了不同的经济水平和资源条件,便于数据整理和模型构建。经济较发达的地区往往资源禀赋较少。图 3.5 显示了 2021 年不同省(区、市)的 GDP 及光伏和风能资源类型。这两种资源都被划分为 4 类资源区:Ⅰ类、Ⅱ类、Ⅲ类和Ⅳ类(仅风能)。Ⅰ类表示资源最丰富的地区。根据经济发展水平和可再生能源发展潜力,这些省份大致可分为 3 类地区:经济水平高但可再生能源发展潜力低的"高—低"地区,经济水平和可再生能源发展水平中等的"中—中"地区,以及经济水平低但可再生能源发展水平高的"低—高"地区。对每个地区都进行仿真和分析,以便提出准确并有针对性的政策建议。

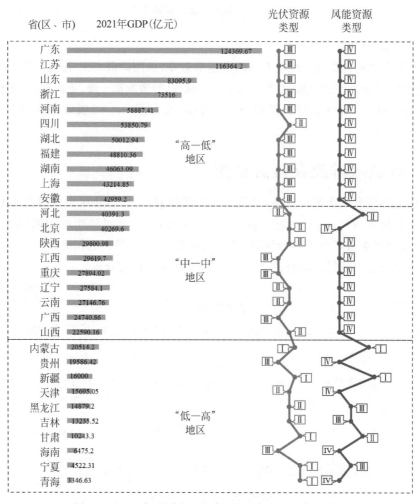

图 3.5 2021 年不同省(区、市)的经济水平和资源禀赋

考虑到数据的可获得性,我们选择了 3 个省(市)作为数据整理和模型构建的样本:宁夏、北京和浙江分别代表"低—高""中—中"和"高—低"地区。SD 模型使用的 CET 和 TGC 市场数据来自中国碳排放权交易网、《中国统计年鉴》、中国绿色电力证书认购与交易平台和

《全国可再生能源发展监测评估报告》。表 3.1 列出了相关概念缩写及其含义。表 3.2 列出了主要变量和参数及其来源。

表 3.1　相关概念缩写及其含义

类　别	缩　写	含　义
缩略语	CET	碳排放权交易
	TGC	绿证交易
	EU	欧盟
	ETS	排放交易系统
	MAC	边际减排成本
	CEA	碳排放配额
	MEE	生态环境部
	NDRC	国家发展和改革委员会
	NBS	国家统计局
	TCE	吨煤当量
	10k-ton	万吨
	NCETN	全国碳排放权交易网
	GWh	亿瓦时
	B	十亿
参数	CECoef	CO_2 排放系数
	CorrCoef	修正系数
变量	CE	CO_2 排放量
	CVol	碳交易量
	PSREF	电源参考价值
	REAbs	可再生能源投入
	RECsm	可再生能源消耗量
	TECsm	传统能源消耗量
	TCsm	电能总消耗量
	EnvCost	环境成本
	AbsCost	吸收成本
	CECost	碳排放成本
	EE	能源效率
	CPEN	碳罚款
	CPEN price	碳罚款价格
	TPEN price	绿证交易罚款价格
	UnQty	未吸收量
	Tvol	绿证交易量

表 3.2　主要变量和参数及其来源

类型	系　数	单　位	值/公式	数据来源
常数	CECoef	吨/吨煤当量	1.229	MEE
	TGC price	元/个	202.9	NCETN
	Carbon price	元/吨	62.1	NCETN
	PSREF	—	8.485	NDRC
	CorrCoef	—	1.0374	NDRC

续表

类型	系　数	单　位	值/公式	数 据 来 源
流量	GDP growth	十亿元	$7.880+0.004\times$盈利$-0.0004\times$环境成本	NBS
	RPS variation	—	绿证交易政策（时间）	Endogenous
库存量	GDP	十亿元	$d(\text{GDP})/dt=$GDP 增长量	NBS
	RPS	—	$d(\text{RPS})/dt=$可再生能源消纳要求变化量	MEE
变量	Profits	十亿元	$0.1\times$GDP$-0.1\times$吸收成本	Endogenous
	EE	吨煤当量/十亿千瓦时	$(22-15\times e^{-0.925+0.000136\text{GDP}})/(1+e^{-0.925+0.000136\text{GDP}})$	NBS
	RECsm	亿瓦时	$480.32\log(\text{GDP})-3703.7$	NBS
	TECsm	亿瓦时	电能总消耗量－可再生能源消耗量	NBS
	EnvCost	十亿元	$0.0258\times CO_2$ 排放量-78.215	MEE
	CE	一万吨	传统能源消耗量$\times CO_2$ 排放系数$\times$能源效率	NBS
	REAbs	亿瓦时	电能总消耗量$\times$可再生能源消纳要求	MEE
	TVol	十亿元	（可再生能源投入－可再生能源消耗量）/10000	Endogenous
	UnQty	十亿元	（可再生能源投入－可再生能源消耗量）/10000－绿证交易量	Endogenous
	AbsCost	十亿元	绿证交易量$\times$绿证交易价格－未吸收量$\times$绿证交易罚款价格	Endogenous
	TPEN price	元/个	$4\times$绿证交易价格	Endogenous
	Free CEA	一万吨	CO_2 排放量$\times$自由比率	Endogenous
	CVol	一万吨	总碳排放配额－免费碳排放配额	Endogenous
	CPEN	一万吨	CO_2 排放量－免费碳排放配额－碳交易量	Endogenous
	CECost	十亿元	碳交易量$\times$碳价格＋碳罚款$\times$碳罚款价格	Endogenous
	CPEN price	元/吨	$4\times$碳价格	Endogenous

3.3　碳排放配额拍卖的时空异质性仿真结果分析

3.3.1　模型检验

　　首先使用 AnyLogic 软件构建一个能够无差错执行的初步 SD 模型，然后对模型进行稳健性检验。目的是避免模型的系统结构与变量之间的定量关系出现错误，从而使预测更可靠。验证该模型符合仿真分析的条件后，再对其进行仿真。

　　稳健性检验以宁夏、北京和浙江的 GDP 及可再生能源和电力消耗量为指标，将2015—2019 年的仿真结果与实际数据进行比较，通过比较仿真结果与实际数据的差异程度评估模型的可靠性和准确性。与实际数据相比，表 3.3 中的检验结果显示，GDP 仿真值的平均绝对误差为 1.17％，最大误差为-4.64％；可再生能源和电力消耗量的平均误差为 1.70％，最大误差为-6.84％。数据的绝对误差均低于 7％，在可接受范围内。这些结果表明，仿真结果与实际情况高度吻合，因此模型准确反映了宁夏、北京和浙江的环境和经济发展状况。

表 3.3　模型有效性检验结果

地区	年份	GDP			可再生能源和电力消耗量		
		真实值	仿真值	误差/%	真实值	仿真值	误差/%
宁夏	2015	293.4517	291.1770	0.78	11.6363	11.8000	−1.39
	2016	312.6148	316.8590	−1.34	16.9842	16.9000	0.50
	2017	332.5961	344.3560	−3.42	20.9675	20.6000	1.78
	2018	353.3388	370.5180	−4.64	23.3821	23.7470	−1.54
	2019	374.8553	374.8480	0.00	24.0348	23.1000	4.05
北京	2015	2342.0592	2301.4590	1.76	7.2097	7.2000	0.13
	2016	2570.7622	2566.9130	0.15	9.4502	9.1000	3.85
	2017	2820.8635	2801.4940	0.69	11.4932	11.1000	3.54
	2018	3094.3155	3031.9980	2.06	13.2401	13.3420	−0.76
	2019	3393.4213	3537.1280	−4.06	14.5686	14.1000	3.32
浙江	2015	4394.2730	4288.6490	2.46	8.7993	8.4000	4.75
	2016	4804.5520	4725.1360	1.68	12.8563	13.8000	−6.84
	2017	5250.6050	5176.8260	1.43	17.7255	17.6000	0.71
	2018	5735.4490	5619.7150	2.06	23.5598	23.9560	−1.65
	2019	6262.8850	6235.1740	0.44	30.5473	31.9000	−4.24
平均误差/%			1.17			1.70	

3.3.2　情景设定

为探索 CEA 拍卖的最佳实施时间,本研究设定了 15 种不同实施时间的情景,分别标为 S1~S15。这 15 个方案均采用两年分步实施的方法,2022—2030 年逐步提高被拍卖的 CEA 的比例。每个阶段要达到的比例根据欧盟排放交易计划市场的经验确定。第 I 阶段 100% 自由分配 CEA; 第 II 阶段试行分配 10% 的拍卖 CEA; 第 III 阶段将拍卖比例提高到 50%; 第 IV 阶段拍卖所有 CEA。为确定 CEA 拍卖的有效性,设定了一个基准情景(BAU), 以实现 CEA 的完全自由分配。具体设置如表 3.4 所示。

表 3.4　实施时间的情景设置

情景	阶段 II/年	阶段 III/年	阶段 IV/年
BAU	—	—	
1	2022	2024	2026
2	2022	2024	2028
3	2022	2024	2030
4	2022	2026	2028
5	2022	2026	2030
6	2022	2028	2030
7	2022	2030	—
8	2024	2026	2028
9	2024	2026	2030
10	2024	2028	2030

续表

情景	阶段Ⅱ/年	阶段Ⅲ/年	阶段Ⅳ/年
11	2024	2030	—
12	2026	2028	2030
13	2026	2030	—
14	2028	2030	—
15	2030	—	—

仿真情景 A1~C2 的建立是为了确定 RPS 和 CET 政策的不同强度对宁夏、北京和浙江 CEA 拍卖实施时间的影响。情景 A1~A4 评估了碳价格波动的影响,即碳价格在当前价格基础上下降 20%;下降 10%;上升 10%;上升 20%。由于最终目标是有效减少碳排放,因此通过逐步减少 CEA 总量确定 CEA 总量的变化,以模拟市场参与者的减排行为,减排率也应相应提高。因此,情景 B1~B3 设定 CEA 总量每年分别减少 1%、2% 和 3%。根据国家发改委的指示,以 3 个省份为基准,分析了提高 RPS 的情景。这些省份的 RPS 值各不相同,具体情景设定如表 3.5 所示。

表 3.5 政策情景设定

影 响 参 数	情景	情 景 设 定		
		补贴减少率	绿电技术研发投资率	火电技术研发投资率
基准情景	BAU	0.0000	0.00	0.00
标准情景	S0	0.0214	0.55	0.65
平价上网情景	P	—	0.55	0.65
补贴减少率的影响	A1	0.0194	0.55	0.65
	A2	0.0234	0.55	0.65
	A3	0.0244	0.55	0.65
火电技术研发投资率的影响	B1	0.0214	0.55	0.60
	B2	0.0214	0.55	0.66
	B3	0.0214	0.55	0.72
绿电技术研发投资率的影响	C1	0.0214	0.50	0.65
	C2	0.0214	0.56	0.65
	C3	0.0214	0.60	0.65

3.3.3 结果分析

模型检验后,对 3 个省份进行了情景仿真。对 GDP、可再生能源电力消耗量、CO_2 排放量和碳交易量等不同变量值进行了分析和比较。下文分别讨论针对宁夏、北京和浙江的模型仿真结果。

1. 仿真结果

1) 宁夏的仿真结果

图 3.6 显示了 15 种情景下宁夏的 CO_2 排放量。与所有 CEA 均免费分配的基准情景相比,提高拍卖 CEA 的比例可有效减少宁夏的 CO_2 排放。其中,在情景 1、2、3、4、5、6、8、9、10 和

12 中,宁夏在 2030 年前达到碳排放峰值。而在情景 7、11、13、14 和 15 中,宁夏没有达到碳排放峰值,这些方案都没有进入碳市场的第 4 阶段,即没有以完全拍卖的方式分配 CEA。

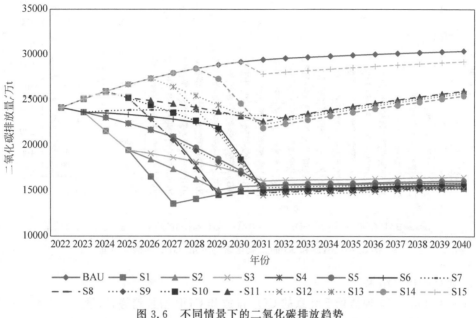

图 3.6 不同情景下的二氧化碳排放趋势

基于上述分析,选择导致宁夏碳排放峰值的 10 种情景作为最佳选择集,然后分析其环境和经济效益,为 CEA 拍卖选择最佳时机。表 3.6 列出了所有备选方案的 TOPSIS 方法评估结果。

表 3.6 TOPSIS 方法评估结果(1)

情景	碳排放量	GDP	d_i^+	d_i^-	C_i	排序
1	0	1	1	1	0.5	9
2	0.128658	0.872326	0.880646	0.881763	0.500317	8
3	0.265970	0.735746	0.780148	0.782344	0.500703	6
4	0.348192	0.653806	0.738040	0.740743	0.500914	4
5	0.488277	0.513928	0.705781	0.708898	0.501102	1
6	0.723717	0.278053	0.773007	0.775293	0.500738	5
7	0.481033	0.521170	0.706119	0.709233	0.501100	2
8	0.619815	0.382269	0.725350	0.728217	0.500986	3
9	0.856512	0.144578	0.867373	0.868629	0.500362	7
10	1	0	1	1	0.5	9

表 3.6 显示,引入 CEA 拍卖的最佳时间为情景 5：2022 年进入第 II 阶段,拍卖分配比例为 10%；2026 年进入第 III 阶段,拍卖比例增加到 50%；2030 年进入第 IV 阶段,届时实现全面的 CEA 拍卖。图 3.7 比较了这一最佳情景与基准情景的仿真结果,从图中可以看出,情景 5 中的 CO_2 排放量大幅下降,在 2022 年达到峰值；GDP 也有所下降；碳交易量大幅上升,表明碳交易市场更加活跃。

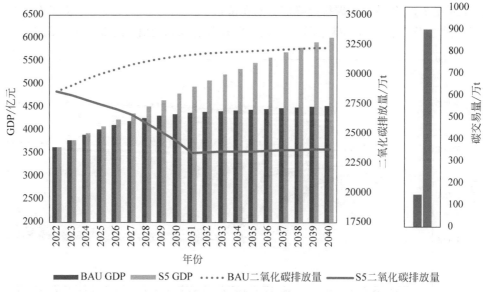

图 3.7　BAU 和 S5 的二氧化碳排放量、GDP 和碳交易量

2）北京的仿真结果

图 3.8 显示了 15 种情景下北京的 CO_2 排放和 GDP 增长趋势，情景 1、2、3 和 4 的碳排放量在 2030 年前达到峰值。因此，将这 4 种情景列为备选方案，并采用 TOPSIS 方法对其进行评估。

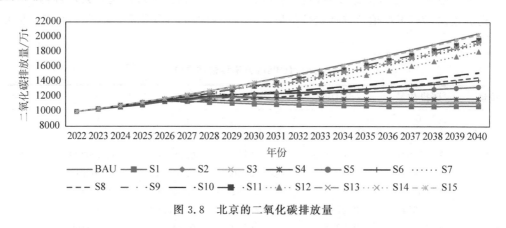

图 3.8　北京的二氧化碳排放量

TOPSIS 方法评估结果如表 3.7 所示。从情景 3 中可以看出最佳时机：2022 年进入第Ⅱ阶段，拍卖比例为 10%；2024 年进入第Ⅲ阶段，拍卖比例提高到 50%；2030 年进入第Ⅳ阶段，此时 CEA 拍卖全部实现。由于北京的经济基础和减排潜力较好，在此情景下 CEA 拍卖得以提前实施。在限制经济效应的同时，施加一定的监管压力将是减少碳排放的有效途径。

表 3.7　TOPSIS 方法评估结果（2）

情景	碳排放量	GDP	d_i^+	d_i^-	C_i	排序
1	0	1	1	1	0.5	3
2	0.368863	0.63114	0.731021	0.731025	0.500001	2

情景	碳排放量	GDP	d_i^+	d_i^-	C_i	排序
3	0.767393	0.232631	0.801849	0.801878	0.500009	1
4	1	0	1	1	0.5	3

图 3.9 显示了情景 3 中的 CO_2 排放量、GDP 和碳交易量。与基准情景相比,实施 CEA 拍卖可显著减少北京地区的 CO_2 排放量,实现碳达峰。然而也存在 GDP 增长受到抑制、碳交易量高于基准量、碳交易市场非常活跃等问题。

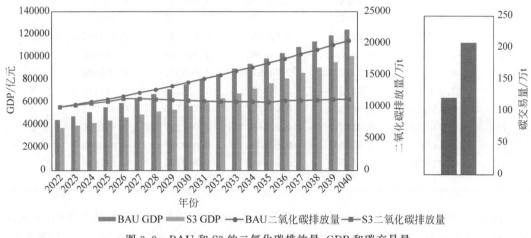

图 3.9　BAU 和 S3 的二氧化碳排放量、GDP 和碳交易量

3) 浙江的仿真结果

图 3.10 显示了 15 种情景下浙江 CO_2 排放和 GDP 增长的变化趋势,所有情景都不会导致浙江在 2030 年前实现碳达峰。因此,本研究选择了在保持经济发展的同时尽可能减少碳排放的情景。

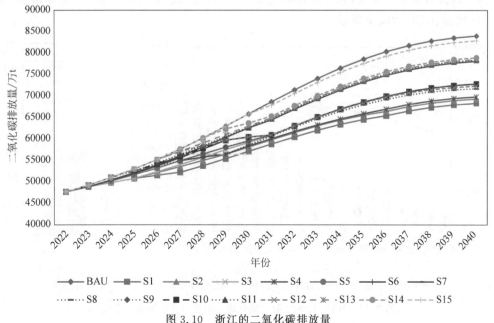

图 3.10　浙江的二氧化碳排放量

采用 TOPSIS 方法对这些方案进行评估,评估结果如表 3.8 所示。

表 3.8 TOPSIS 方法评估结果(3)

情景	碳排放量	GDP	d_i^+	d_i^-	C_i	排序
1	1	0	1	1	0.5	14
2	0.999786	0.048140	0.951860	1.000945	0.512568	13
3	0.999592	0.092151	0.907849	1.003830	0.525104	11
4	0.999379	0.140472	0.859528	1.009203	0.540047	10
5	0.999195	0.182441	0.817560	1.015715	0.554044	8
6	0.998837	0.264775	0.735226	1.033335	0.584280	4
7	0.444536	0.583171	0.694468	0.733281	0.513592	12
8	0.999079	0.209097	0.790903	1.020726	0.563430	7
9	0.998897	0.251031	0.748970	1.029957	0.578976	5
10	0.998549	0.331478	0.668524	1.052130	0.611471	2
11	0.444221	0.648209	0.657759	0.785816	0.544354	9
12	0.998292	0.391342	0.608661	1.072257	0.637900	1
13	0.443941	0.706447	0.628788	0.834357	0.570249	6
14	0.443692	0.758560	0.606442	0.878792	0.591686	3
15	0	1	1	1	0.5	14

情景 12 的时机最佳,即 2026 年进入Ⅱ期,拍卖比例为 10%;2028 年进入Ⅲ期,拍卖比例提高到 50%;2030 年进入Ⅳ期,届时实现 CEA 全面拍卖。浙江经济发达,电力需求大,但该地区缺乏发展可再生能源电力的良好条件。因此,碳减排与经济发展难以两全。计算表明,CEA 拍卖越晚实施,对经济的影响越小。此外,只要 100% 的 CEA 被拍卖,即使没有达到碳排放峰值,也能有效抑制 CO_2 排放量的增长。因此,最佳方案情景 12 能够在进入第Ⅳ阶段的同时,推迟碳分配拍卖的实施。虽然该方案不能使浙江在 2030 年达到 CO_2 排放峰值,但碳排放得到了抑制,碳交易市场也更加活跃。图 3.11 比较了基准情景和情景 12 的 CO_2 排放量、GDP 和碳交易量。

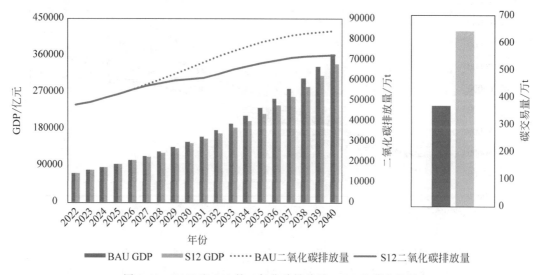

图 3.11 BAU 和 S12 的二氧化碳排放量、GDP 和碳交易量

　　由于地区差异,各地的最佳方案并不相同:宁夏应在中期实施碳配额拍卖,北京应尽早实施,浙江应晚些实施。然而,整体仿真结果表明,当政府向各碳减排主体分配 CEA 时,无论区域异质性如何,到 2030 年,CEA 拍卖必须全面取代免费分配,这是实现碳达峰的关键一步。

2. 碳拍卖价格情景分析

1)宁夏碳拍卖价格波动情况

　　通过重复上述步骤,对 A1～A4 4 种碳拍卖价格情景(碳价格分别为 49.68、55.89、68.31 和 74.52)的仿真结果进行了处理。结果表明,碳拍卖价格并不影响宁夏各阶段 CEA 拍卖时间的决策。在 5 种碳拍卖价格方案中,方案 5 仍然是最优的。碳拍卖价格的变化会影响政策实施的效果,但不会影响拍卖时间。图 3.12 显示,当碳拍卖价格下降 20%、10%,或上升 10%、20% 时,CO_2 排放量会随着碳拍卖价格的上升而减少,这是因为当全部或大部分碳配额被无偿分配时,拍卖价格反映的碳排放成本并没有传导至市场。

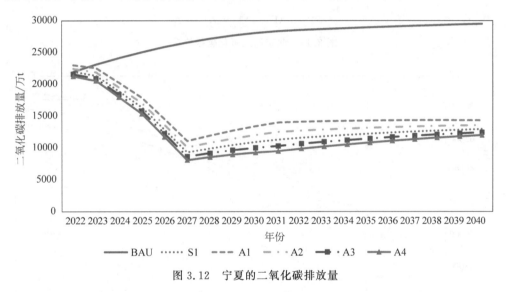

图 3.12　宁夏的二氧化碳排放量

2)北京碳拍卖价格波动情况

　　如图 3.13 所示,在碳拍卖价格为 -20%、-10%、+10% 和 +20% 的情况下预测北京的碳排放量,结果与宁夏相似。碳拍卖价格并不影响北京 CEA 拍卖的最佳引入时机,只是碳减排政策的效果随着碳拍卖价格的变化而变化。

3)浙江碳拍卖价格波动情况

　　浙江未来碳排放量在碳拍卖价格变化 -20%、-10%、+10% 和 +20% 时的情况模拟表明,碳拍卖价格并不影响 CEA 拍卖的最佳实施时间。图 3.14 表明,在 CEA 拍卖实施后,碳拍卖价格的提高对抑制 CO_2 排放起着决定性作用。当碳拍卖价格提高 10% 和 20% 时,浙江分别在 2026 年和 2028 年达到碳排放峰值。

　　总之,碳拍卖价格的变化会影响政策结果,但不会影响关于 CEA 拍卖最佳时机和比例的决策。因此,在制定政策时,拍卖价格并不是首要考虑的要素。然而,碳拍卖价格会对实施 CEA 拍卖后的碳减排量产生显著影响:拍卖分配的比例越高,效果越强,这表明 CEA 拍卖是传递碳拍卖价格信号的重要方式。

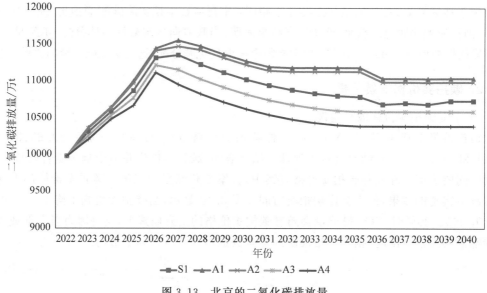

图 3.13　北京的二氧化碳排放量

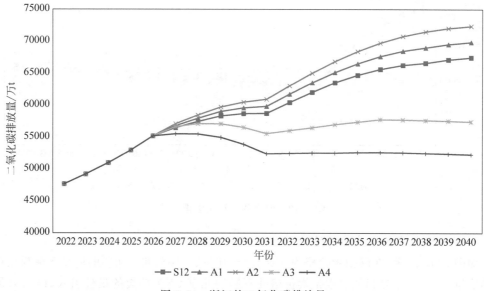

图 3.14　浙江的二氧化碳排放量

3. 碳配额总量变化的情景分析

1）宁夏碳配额总量

当发放给宁夏的 CEA 总量以每年 1％、2％和 3％的幅度减少时，最优方案分别为情景 4、3 和 3，这意味着 CEA 总量减少得越快，实施 CEA 拍卖的最佳时机越早。图 3.15 显示了最佳方案下 GDP 和 CO_2 排放量的仿真结果，以及 CEA 总量的变化情况，表明 CEA 的减少与宁夏 CO_2 排放量的减少相关。此外，这一过程不仅不会对宁夏经济产生负面影响，反而会增加 GDP，因为 CEA 总量的减少会迫使电力公司转向可再生能源发电，从而减少排放。宁夏是一个可再生能源丰富的地区，可以生产可再生能源以降低碳排放成本，并将超过

RPS 要求的清洁电力通过 TGC 市场出售给其他资源匮乏的省份。图 3.16 显示,宁夏的可再生能源消耗量大幅增加,出售的 TGC 数量也大幅增加。因此,宁夏通过 TGC 市场获得了更高的经济效益,有利于其经济的长远发展。

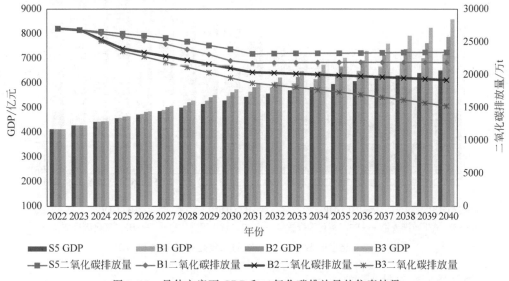

图 3.15　最佳方案下 GDP 和二氧化碳排放量的仿真结果

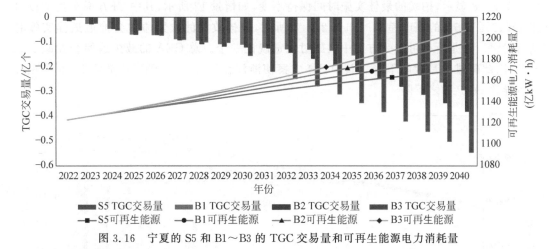

图 3.16　宁夏的 S5 和 B1~B3 的 TGC 交易量和可再生能源电力消耗量

2) 北京碳配额总量

图 3.17 显示,当 CEA 总量以 1%、2% 和 3% 的幅度减少时,最佳方案分别为情景 6、10 和 12。由于 CEA 政策的收紧导致分配给企业的免费 CEA 减少,企业不得不减少排放,因此 CEA 拍卖的最佳实施时间被推迟。为避免行政处罚增加排放成本,企业会努力减少碳排放。然而,为补偿因 CEA 减少而产生的减排成本,推迟拍卖为后续的碳减排提供了良好的经济基础,从而产生长期的经济和环境效益。

随着 CEA 总量的减少,CO_2 排放量逐渐下降。推迟 CEA 拍卖为企业提供了一定的缓冲时间,但最终会增加企业的减排成本,从而降低 GDP。北京具有一定的可再生能源资源,因此企业可以更方便地转向可再生能源发电,在一定程度上缓解对经济的影响。

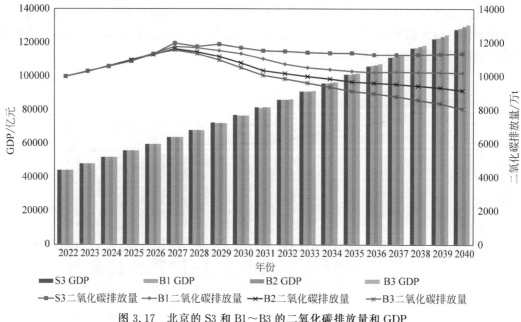

图 3.17　北京的 S3 和 B1~B3 的二氧化碳排放量和 GDP

3）浙江碳配额总量

图 3.18 显示，拍卖的最佳实施时间保持不变，如情景 12 所示，其中 CEA 总分配额以每年 1%、2% 和 5% 的幅度递减。如 3.2.3 节所述，减排政策的收紧通常会推迟最佳实施时间，而情景 12 是所有可接受方案中实施时间最晚的一个。总 CEA 的减少迫使企业减少碳排放，因此碳排放量大幅下降。其中，B3 方案使浙江在 2029 年达到碳排放峰值，而碳减排成本导致 GDP 随之下降。

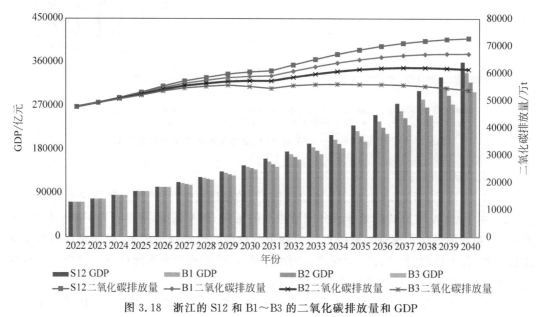

图 3.18　浙江的 S12 和 B1~B3 的二氧化碳排放量和 GDP

总之，分配的 CEA 总量会影响 CEA 拍卖的最佳实施时间和碳减排效果。此外，还有其他连带效应,区域间的时空异质性会产生不同的影响。就减排效果而言,CEA 总量的设定尤为重要,可能决定浙江能否实现碳峰值。

4. 不同 RPS 增长的情景分析

1) 宁夏的 RPS 变化

随着宁夏 RPS 的增加,最佳拍卖时间提前。当宁夏的 RPS 分别增加 5% 和 10% 时,情景 4 和 3 为最佳方案。RPS 的提高迫使企业使用更多的可再生能源发电,从而大幅减少 CO_2 排放。图 3.19 显示了相关的 CO_2 排放量。然而,虽然提高 RPS 可以使宁夏更快地进入碳市场的后续阶段并减少碳排放,但却对经济产生了负面影响。图 3.20 显示,虽然可再生

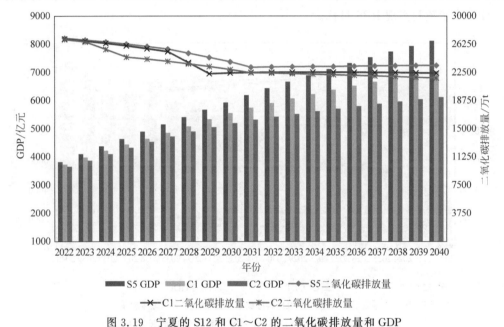

图 3.19　宁夏的 S12 和 C1～C2 的二氧化碳排放量和 GDP

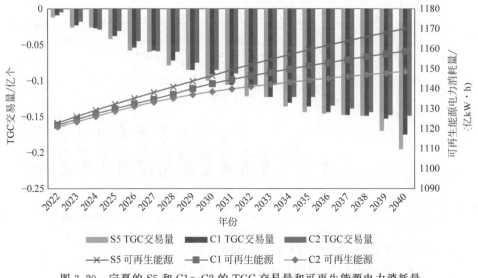

图 3.20　宁夏的 S5 和 C1～C2 的 TGC 交易量和可再生能源电力消耗量

能源发电量有所增加,但 RPS 的提高导致更多的可再生能源电力被用作宁夏 RPS 目标的一部分。因此,可出售的剩余 TGC 减少,TGC 市场产生的经济效益大幅缩水。因此,尽管宁夏具有丰富的可再生能源资源和清洁电力转型的潜力,但必须谨慎制定 RPS 目标。

2) 北京的 RPS 变化

图 3.21 显示,当北京的 RPS 增加 5% 和 10% 时,对最佳实施时间没有影响,情景 3 仍然是最佳方案。RPS 的增加导致 CO_2 排放量的小幅下降和 GDP 的下降。如图 3.22 所示,随着 RPS 的增加,可再生能源电力在整个电源结构中所占的比例也会增加,并导致可再生能源电力消耗量增加和 CO_2 排放量减少,由于北京的可再生能源资源无法在短时间内支持电源结构向清洁电力过渡,因此可再生能源消耗量仅有少量增加。北京必须从其他省份购买 TGC,才能顺利实现 RPS 目标。

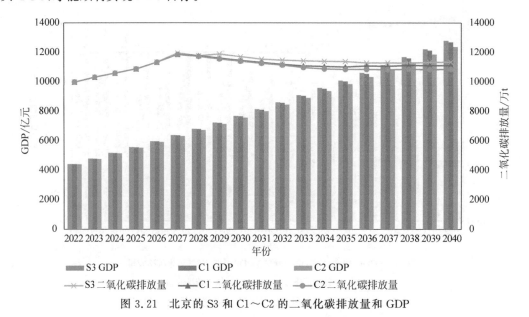

图 3.21　北京的 S3 和 C1～C2 的二氧化碳排放量和 GDP

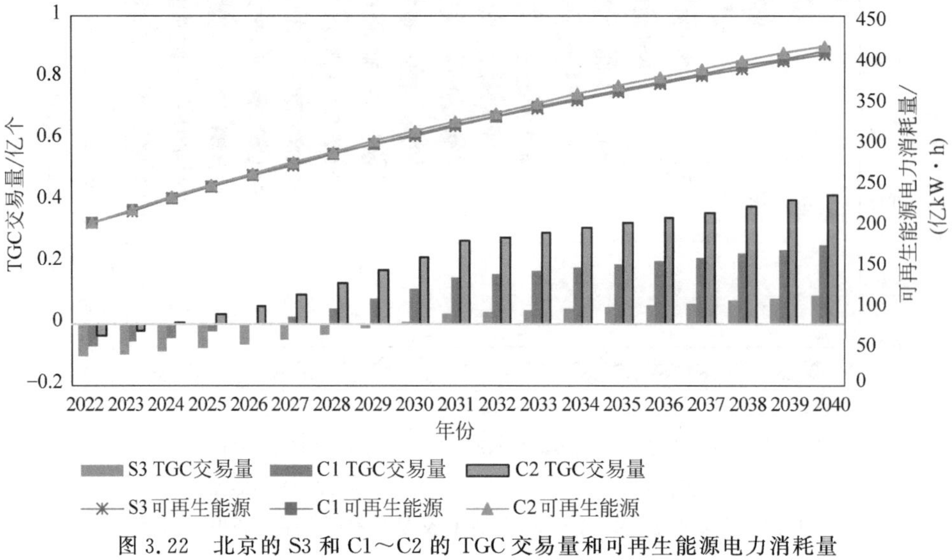

图 3.22　北京的 S3 和 C1～C2 的 TGC 交易量和可再生能源电力消耗量

3）浙江的 RPS 变化

图 3.23 显示,当浙江的 RPS 增加 5％和 10％时,最优实施方案分别为情景 12 和 6,这使最佳实施时间提前。随着浙江 RPS 的提高,其 GDP 下降,CO_2 排放下降,但可再生能源耗电量略有增长。虽然 RPS 的提高产生了浙江电源结构转型需求,但其可再生能源发电能力有限且成本高昂,因此,面对 RPS 的要求,浙江的电力企业更倾向于从其他资源丰富的省份购买 TGC 配额或清洁电力,而不是自己大力发展可再生能源发电。图 3.24 显示,在 TGC 交易量增加的同时,浙江的可再生能源用电量并没有显著增长。

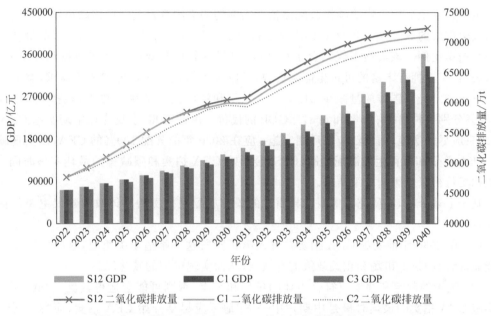

图 3.23 浙江的 S12 和 C1~C2 的二氧化碳排放量和 GDP

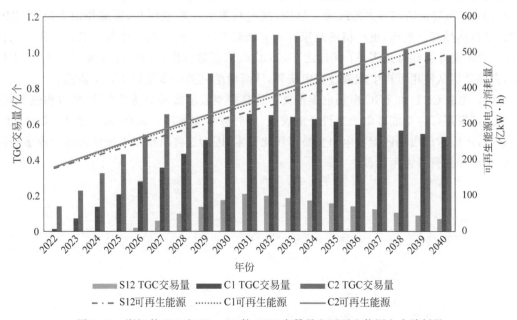

图 3.24 浙江的 S12 和 C1~C2 的 TGC 交易量和可再生能源电力消耗量

  一般来说,政府设定的 RPS 标准会影响 CEA 拍卖的最佳实施时间,也会影响碳减排量和发电量。RPS 设定与地区可再生能源资源禀赋之间存在不可忽略的相关性,可再生能源资源禀赋的时空异质性解释了为什么 3 省的减排效果和电力结构改善对 RPS 调整的反应不同。

3.4 考虑时空异质性的碳排放配额拍卖政策建议

  本研究系统分析了影响碳排放配额拍卖实施的关键因素及其对中国碳市场的影响。应用区域碳排放的 SD 模型和 TGC 的碳排放权交易(CET)市场,确定了不同区域的最佳实施时间和拍卖比例。该模型不仅结合了可持续发展原则,而且兼顾了经济效益和环境效益。结果表明,宁夏拥有丰富的可再生能源资源,可以较容易地兼顾环境和经济需求,有潜力使 GDP 增长 6.20%,碳排放量减少 21.59%。北京和浙江面临的困难更大,减排 45.15% 和 13.88% 分别要付出 18.95% 和 6.81%GDP 的代价。由此可知,宁夏应在中期实施 CEA 拍卖,北京应尽快实施,而浙江应在后期实施;应在 2030 年前分配 100% 的 CEA,以实现碳达峰;CEA 总量和可再生能源配额制(RPS)会影响 CEA 拍卖和碳减排的最佳实施时间;调整碳拍卖价格只会影响政策结果。

  基于上述分析,本研究考虑时空异质性的碳排放配额拍卖的具体政策建议主要包括以下 4 点。

  (1) 在 2030 年前实施 CEA 拍卖并进入第Ⅳ阶段这一举措至关重要,这样碳拍卖价格才能显著影响 CET 市场和相关政策的有效性,从而实现中国的碳达峰。

  (2) 政策的制定和调整应符合当地的条件和需求,否则可能会适得其反。"低—高"地区实施 CEA 拍卖的最佳时机是中期,"中—中"地区应尽早开始 CEA 拍卖,而"高—低"地区则应晚些实施 CEA 拍卖,以便使碳市场在第Ⅰ阶段持续更长时间。

  (3) 必须制定适当有力的政策。目前,制定政策的一般规则是,碳减排潜力越大,RPS 和减排目标越高。然而,更严格的政策并不总能带来更好的效果。例如,CET 政策是惩罚性的,要求企业为碳排放买单;相比之下,TGC 政策更适合作为激励性政策。在 TGC 市场上,允许公司从使用可再生能源过程中获利,从而激励其进一步发展可再生能源。

  (4) 改进 CET 和 TGC 市场也很重要。仿真模型假定市场交易是充分、平滑和稳定的。宁夏通过发展可再生能源电力获得经济收益,同时减少碳排放。因此,在实施 CET 和 RPS 政策时,还应考虑市场匹配和电力交易市场化因素,因为这将从根本上激励各地企业参与减少碳排放和投资可再生能源。

第4章

碳排放权交易与排污权交易的协同效应研究

4.1　碳排放权交易与排污权交易协同问题分析

　　第2章考虑了宏观层面的碳市场与能源市场的影响,因为排污权交易市场在国内外已有较为成熟的运行管理经验,而碳排放权交易实施后,二者联合作用下的产业经济与环境影响值得研究,因此本章对碳排放权交易与排污权交易的协同效应进行研究。

　　随着碳排放权交易体系的正式启动,重庆成为中国西部唯一参与全国碳交易市场联合建设的城市,在中国碳交易市场中处于领先地位。作为西部唯一参与碳交易的城市,对其交易影响进行分析可以为西部城市提供宝贵的经验,为国家政策的进一步发布提供有力支持。本研究利用 Anylogic 软件建立了重庆市煤电企业碳权交易与排污权交易组合系统的系统动力学模型,包括电力行业经济、企业利润、碳交易、排污权交易和环境管理5个主要部分。工业经济的增长促进了企业的成长,而企业利润的增加导致污染物和碳排放的增加。在交易政策实施的影响下,也促进了环境治理,从而在两个方面共同影响着工业动力经济。具体的逻辑框图如图4.1所示。

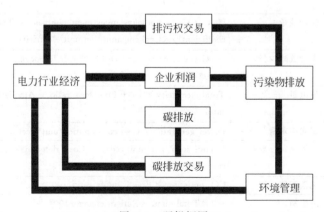

图 4.1　逻辑框图

　　电力行业的经济增长通过补贴的作用增加了企业的利润,利润的增加会促使企业扩大规模,从而增加企业的煤炭消费总量,从而导致 CO_2 和污染物排放量的增加。此时,两种交易政策和环境治理 3 个方面共同影响着经济形势。

4.2   碳排放权交易与排污权交易市场仿真模型的建立

本研究选取重庆市整个电力行业为研究对象。企业利润、煤炭需求等变量来源于重庆市的年度报告。该系统动力学模型主要分为参数模型和变量模型。变量可分为内生变量和外生变量。模型的外生变量主要通过查阅数据库、文献、官方网站等获得，主要包括电力行业经济、碳排放系数、投资系数、政府固定投资系数、碳配额自由比、碳交易价格、自由配额污染排放比、污染物交易价格等。碳交易价格和污染物交易价格来自中国低碳产业网。模型的内生变量主要包括区域经济增长、政府固定投资、碳排放成本、排污权交易成本、科技投资、污染物交易量、碳交易量。在定性分析的基础上，根据 SD 模型中的变量关系得出公式。主要变量和参数如表 4.1 和表 4.2 所示。

表 4.1   变量关系式

变量名称	变量含义	计算公式	单位
Corporate profits	企业利润	(0.152×G fixed investment−Enterprise carbon emission cost＋Generating income−Coal cost−Pollutant emission cost−Pollutant removal×P pollutant trading×1.1)/100	Million yuan
Growth in the economy	经济增速	(Corporate profits×0.15＋Environmental governance investment−0.158×G fixed investment)/100	Million yuan
G fixed investment	固定资产投资	Industrial power economy×G investment coefficient/100	Million yuan
Income variation coefficient	收入变异系数	Economic increment/Industrial power economy	—
Technology investment impact	技术投资影响	Industrial power economy×0.062/100	Million yuan
Growth in the electricity	电力增长量	Total electricity×(EC growth rate＋Population growth rate＋2.5×Income variation coefficient)×(1−Total electricity/15,000,000)/100	M kW·h/a
Coal reduction	煤炭减量	−(3406/Technology investment impact×Investment coefficient1)×Coal consumption unit electricity	T/(kW·h)
Carbon reduction	碳排放减少量	−(C emissions per unit coal×(3000/Technology investment impact×Investment coefficient2))	Tons/ton
Power generation	发电量	Total electricity×(1＋Line lose ratio＋Auxiliary power rate)/100	M kW·h
Coal demand	煤炭需求量	Power generation×Coal consumption unit electricity/100	Mt
CO_2 emissions	二氧化碳排放量	C emissions per unit coal×Coal demand×A carbon coefficient/100	Mt
Free C quota	无偿配额	CO_2 emissions×Free C quota ratio/100	Mt
R total quota	总配额	−1×Total quota×Rate of change/100	Mt
Corporate carbon trading volumes	企业碳排放权交易量	(Total quota−Free C quota)/100	Mt

续表

变 量 名 称	变量含义	计 算 公 式	单 位
Punish carbon emissions	惩罚性碳排放量	(CO_2 emissions－Free C quota－Corporate carbon trading volumes)/100	Mt
Enterprise carbon emission cost	企业碳排放成本	(Corporate carbon trading volumes×P carbon trading＋Punish carbon emissions×P carbon penalty)/100	Million yuan
P carbon penalty	碳排放惩罚价格	4×P carbon trading	CNY/ton
P coal	煤炭价格	Table function	CNY/ton
Coal cost	煤炭成本	P coal×Coal demand/100	Million yuan
Generating income	发电收益	Power generation×P electricity/100	Million yuan
Pollutant production	污染物产生量	Coal demand×(SO_2 coefficient＋NO_x coefficient)/100	Mt
Free P volumes	无偿许可	Pollutant emissions×Free P quota ratio	Mt
Punish pollutions	惩罚性碳污染物排放量	Pollutant emissions－Free P volumes	Mt
Pollutant trading volumes	污染物交易量	Pollutant emissions×Pollutant trading ratio	Mt
Pollutant emission cost	污染物排放成本	(Pollutant trading volumes×P pollutant trading＋Punish pollutions×P pollutant penalty)/100	Million yuan
P pollutant penalty	污染物惩罚价格	4×P pollutant trading	CNY/ton
Environmental governance investment	环境治理投资额	(0.0258×CO_2 emissions＋Pollutant emissions×16)/100	Million yuan
Pollutant removal	污染物去除量	(Investment coefficient3×Environmental governance effect)/100	Mt
Pollutant emissions	污染物排放量	Pollutant production－Pollutant removal	Mt

　　这里我们主要选择两个变量进行详细的解释。碳排放量的计算方法是单位标准煤碳排放量乘以企业煤炭需求,再乘以实际碳排放系数。污染物排放量是单位煤炭 SO_2 排放量和单位煤炭 NO_x 排放量乘以煤炭需求,再减去政府的减排量之和。近年来,我国对重污染企业的控制非常严格,政府的作用使污染物的排放量下降。

表 4.2　主要参数

参 数 名	参 数 含 义	取 值	单 位	数 据 来 源
P carbon trading	碳交易价格	40	CNY/ton	Low-carbon Industrial Network
P pollutant trading	污染物交易价格	1600	CNY/ton	Chongqing Bureau of Ecological Environment
SO_2 coefficient	二氧化硫系数	0.0085	Tons/ton	Chongqing Bureau of Ecological Environment
NO_x coefficient	氮氧化物系数	0.0074	Tons/ton	Chongqing Bureau of Ecological Environment
Free P quota ratio	免费配额比例	0.4	—	National pollution emission reduction policy
G investment coefficient	投资系数	0.6499	—	References
Population growth rate	人口增长率	0.0089	—	National Bureau of Statistics
Auxiliary power rate	辅助功率比例	0.0552	—	State Grid Corporation of China
Line lose ratio	线路损耗率	0.0605	—	State Grid Corporation of China
Rate of change	变化率	0.0413	—	Chongqing Development and Reform Commission
Free C quota ratio	无偿配额比例	0.5	—	National carbon emission reduction policy

在表 4.2 中,所有参数均来自中国政府官网,碳交易价格来自中国低碳产业网。为使模拟更加明显,碳交易的初始价格设定为 40 元/吨。由于重庆地区只交易 SO_2 和 NO_x,我们将其价格设置为交易价格与相应交易比例的乘积。SO_2 和 NO_x 的排放系数基于重庆市单位标准煤的排放数据得出。自由配额的比例基于现有的国家政策和文献得出。政府固定投资比例参照文献确定。线损率和用电利用率根据我国实际情况和国家电网公布的标准数据编制。总配额的变动率来自重庆市发改委,其设定基于以往的平均数据。在这个模型中,我们使用了一些缩写使模型更简洁,如表 4.3 所示。

表 4.3　变量缩写及含义

变 量 缩 写	变 量 名 称	变 量 含 义
G fixed investment	Government fixed investment	政府固定投资
Free C quota ratio	Free carbon quota ratio	免费碳排放额比例
Free P quota ratio	Free pollutant quota ratio	免费污染物排放额比例
R total quota	Rate of change of total quota	总配额变化率
P carbon penalty	Carbon penalty price	碳排放惩罚价格
P coal	Coal price	煤炭价格
Free P volumes	Free Pollutant volumes	免费污染物排放量
P pollutant penalty	Pollutant penalty price	污染物惩罚价格
P carbon trading	Carbon trading price	碳排放权交易价格
P pollutant trading	Pollutant trading price	污染物排放交易价格
EC growth rate	Rate of growth in electricity consumption	电力消费增长速度
C emissions per unit coal	Carbon emissions per unit coal	单位煤炭碳排放量
A carbon coefficient	Actual carbon emissions coefficient	实际碳排放系数

4.3　碳排放权交易与排污权交易市场仿真结果分析

4.3.1　模型检验

为使仿真结果与实际情况吻合,对模型的有效性进行了验证。选取了煤炭需求量、发电量和污染物排放量 3 个变量。通过仿真得到 2008—2017 年的拟合值,并与真实值进行比较,验证模型的有效性。具体数据如表 4.4 所示。结果表明,各变量在每一年的误差均小于 5%,是可以接受的。实证结果表明,本研究构建的 SD 方法模型能够充分反映重庆市电力行业经济形势、企业利润以及各变量之间的关系。

表 4.4　仿真值和实际值

年份	煤炭需求量			发电量			污染物排放量		
	拟合值	真实值	误差/%	拟合值	真实值	误差/%	拟合值	真实值	误差/%
2012	761.579	767.98	−0.833	548.020	550.55	−0.460	7.009	7.01	0.006
2013	676.224	673.11	0.867	605.580	593.67	2.006	6.843	6.89	−0.682
2014	942.196	925.53	2.704	662.212	674.99	−1.893	8.365	8.50	−1.588
2015	1092.440	1074.77	3.045	717.589	750.37	−4.369	7.567	7.80	−2.987

续表

年份	煤炭需求量			发电量			污染物排放量		
	拟合值	真实值	误差/%	拟合值	真实值	误差/%	拟合值	真实值	误差/%
2016	1361.480	1358.02	2.204	769.420	801.78	−4.036	4.305	4.49	−4.120
2017	1321.820	1315.15	2.920	811.046	840.63	−3.159	3.355	3.50	−4.143

4.3.2　仿真情景设计

为探究不同碳交易和排污权交易对重庆市工业动力经济和企业利润的影响,模型以 2012—2025 年为例,步长为 1 年。研究构建了 6 个情景,分别是基准情景(BAU)、碳交易价格情景(A1~A3)、免费碳配额比例情景(B1~B3)、排污权交易价格情景(C1~C3)、免费污染物交易配额比例情景(D1~D3)、排污权交易与碳排放权交易整合机制情景(E1~E3)。在碳交易场景中,没有排污权交易。根据重庆市近年来碳平均交易价格,交易价格分别为 30 元/吨、50 元/吨、60 元/吨;在自由碳配额比例情景下,配额比例分别设为 0.4、0.6、0.8。排污权交易情况下,根据重庆市及其他地区污染物交易价格,将污染物交易价格分别设为 1500 元/吨、2000 元/吨、2500 元/吨,自由配额比例分别为 0.3、0.55、0.8。具体数值设定如表 4.5 所示。

表 4.5　仿真情景数值设定

模 拟 情 景	方案	碳交易价格 /(元/吨)	免费碳配额比例	污染物交易价格 /(元/吨)	免费污染物配额比例
基准情景	BAU	0	0	0	0
碳交易价格情景	A1	30	0.5	1600	0.6
	A2	50	0.5	1600	0.6
	A3	70	0.5	1600	0.6
免费碳配额比例情景	B1	40	0.4	1600	0.6
	B2	40	0.6	1600	0.6
	B3	40	0.8	1600	0.6
排污权交易价格情景	C1	40	0.5	1500	0.6
	C2	40	0.5	2000	0.6
	C3	40	0.5	2500	0.6
免费污染物交易配额比例情景	D1	40	0.5	1600	0.3
	D2	40	0.5	1600	0.55
	D3	40	0.5	1600	0.8
排污权交易与碳排放权交易整合机制情景	E1	30	0.8	1500	0.3
	E2	50	0.6	2000	0.55
	E3	70	0.4	2500	0.8

4.3.3　仿真分析

1. 碳排放权交易和污染权交易的影响

重庆市碳排放权交易政策于 2014 年开始实施,排污权交易政策于 2010 年开始实施。

我们模拟了 2012—2025 年的情况。从图 4.2 中可以清楚地看到,随着政策的实施,二氧化碳排放量和污染物排放量明显减少,但与此同时,工业经济也出现了下降。

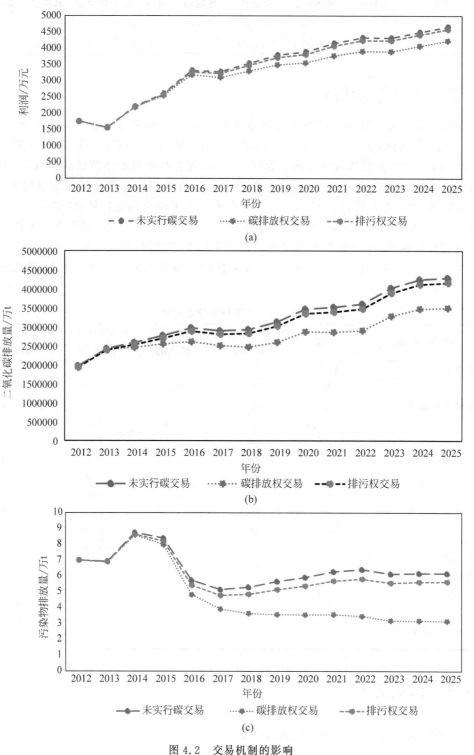

图 4.2　交易机制的影响

(a)二氧化碳排放量;(b)企业利润;(c)污染物排放量

在碳排放权交易中,如果价格为 40 元/吨(NCET),与未实行碳交易机制相比,2025 年工业动力利润下降 18.56%,二氧化碳排放量下降 9.19%。此外,当污染物价格为 1600 元/吨时,与未实施交易机制相比,企业利润下降 3.1%,污染物排放量下降 8.55%。我们发现,排污权对企业利润的影响略小于碳排放权交易,但其减排效果与碳排放权交易几乎相同。

2. 交易机制的相互作用

为探讨不同碳排放权交易政策对污染物排放量和企业利润的影响,我们模拟了两个情景,分别为碳排放权交易价格情景(A1~A3)和免费碳配额比例情景(B1~B3)。

1) 不同的碳交易价格

从 A1 到 A3,碳排放权交易价格逐渐上升,这意味着交易成本逐渐增加。由图 4.3 可以看出,当碳排放权交易价格不断变化时,污染物也会发生变化。模拟预测,到 2025 年,当碳排放权交易价格为 40 元/吨时,污染物排放量为 35540 吨,企业利润为 3382813.374 万元。此时将碳交易价格分别设定为 30 元/吨、50 元/吨和 70 元/吨时,基准为 40,也就是说当价格更改为 −25%、25% 和 75% 时,污染物排放量将达到 43000 吨、26050 吨和 8180 吨,将分别下降 −20.9%、26.7% 和 76.9%。届时,企业利润分别为 35590.000 万元、31863.520 万元和 284.167 万元,分别下降 5.2%、5.8% 和 15.9%。当碳交易价格上涨时,污染物的排放量也会减少,因为污染物的排放量与碳排放权交易高度相关。这个结果表明碳排放权交易机制必然与污染物排放量相关,企业利润也是如此(图 4.4)。

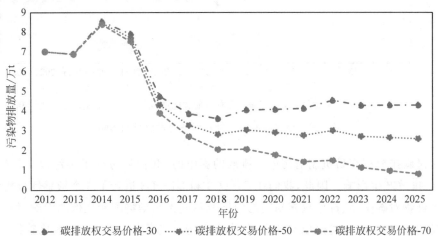

图 4.3 碳排放权交易价格对污染物的排放量影响

2) 不同的免费碳配额比例

图 4.5 显示了免费碳配额比例对污染物排放的影响。从 B1 到 B3,免费碳配额所占比例逐渐增加。模拟结果表明,当免费碳配额比例发生变化时,污染物排放量也会发生变化。当免费碳配额比例分别为 0.4、0.6 和 0.8 时,污染物排放增长率分别为 −5.22%、5.13% 和 15.22%。以上数据表明,随着免费碳配额比例的不断增加,污染物的减排效果也会逐渐下降,交易机制的减排效果也会不断减弱。因此,国家在设置免费碳配额的比例时需要考虑污染物的减排效果。

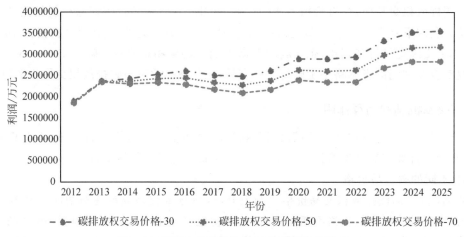

图 4.4   碳排放权交易价格对企业利润的影响

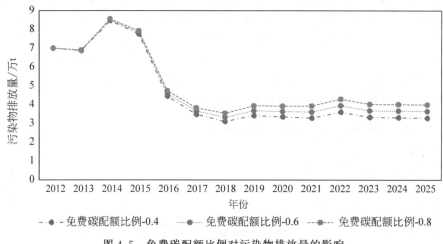

图 4.5   免费碳配额比例对污染物排放量的影响

在探讨碳排放权交易机制对污染物排放的影响时,我们还考虑了排污权交易机制是否会对 CO_2 排放产生影响。因此,我们在 C1~C3 和 D1~D3 进行了 6 个敏感性分析实验,探究不同污染物对碳交易、排放权交易价格及不同无污染物配额比例的影响,如图 4.6 所示。让我们惊讶的是,通过模拟实验发现,当污染物市场价格上涨时,二氧化碳排放量会减少,但减少的幅度并不大,因为效果不是非常明显。同时,对企业利润的抑制也不明显(图 4.7)。

我们还对污染物免费排放配额的比例进行了试验,发现其影响不显著。在这种情况下,我们认为污染权交易对碳排放权交易的影响较小,因为污染物总量相对较小,对经济的影响较小。政府严格控制 SO_2 等污染气体,市场机制效应小,对碳交易机制的影响不明显。

3. 仿真优化

我们已经知道,排污权交易和碳排放权交易减少了重庆地区 CO_2 和污染物的排放,同时也对电力行业经济产生了负面影响。虽然中国正在进行碳排放权交易和污染物排放交易

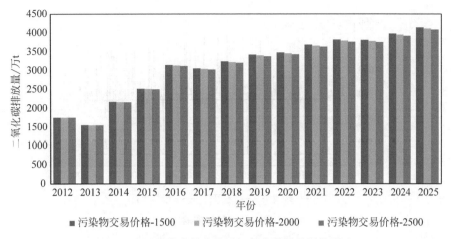

图 4.6　污染物交易价格对二氧化碳排放量的影响

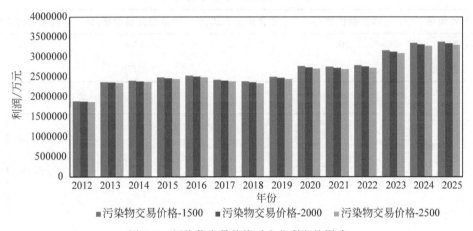

图 4.7　污染物交易价格对企业利润的影响

试点,但没有政策告诉我们如何设定碳排放权交易价格和污染物交易价格,以及如何设定配额比例。因此,这仍然是一个值得研究的问题。为了更好地利用碳排放权交易政策和排污权交易政策,合理提高经济水平,我们进行了模拟优化实验,以最低的经济成本实现最低的污染物排放量。因此,我们将 2025 年重庆电力产业的经济水平设定为 320 亿～330 亿元。通过改变 CO_2 交易价格、自由碳配额比例、污染物交易价格和免费污染物排放配额比例(E1～E3),对结果进行调整和优化,最终得到最优的政策设置结果。所有这些都可以通过在 Anylogic 软件中创建一个优化实验实现。

在实验中,我们以 CO_2 排放量与污染物排放量之和最小为目标函数;约束条件为企业利润超过 300 亿元,以碳排放权交易价格和污染物交易价格为自变量进行模拟。由图 4.8 可知,当碳市场价格设定为 73 元/吨时,自由碳配额比例设定为 0.7,污染物市场价格定为 2470 元/吨,而自由污染物配额比例设为 0.15(表 4.6),二氧化碳和污染物的排放量最小,至少目前是这样。如果根据这些数据进行模拟,可以得到一个特定的优化情况,如图 4.9 和图 4.10 所示。

可以发现,虽然 2025 年经济总量减少了 11.18%,但二氧化碳排放量也减少了 9.6%,甚至污染物排放量也减少了 80%,充分证明了优化结果的优越性。

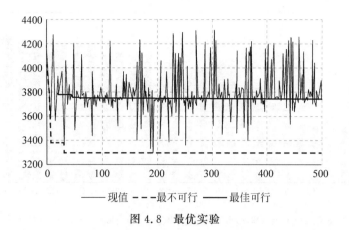

图 4.8　最优实验

表 4.6　初始比例和最优比例

不同情景	碳交易价格/元	免费碳交易比例	污染物交易价格/元	免费排污比例
初始参数	30	0.5	1600	0.60
最优参数	73	0.7	2470	0.15

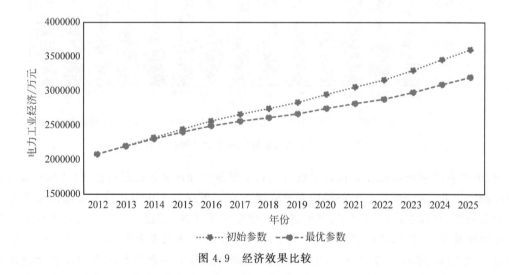

图 4.9　经济效果比较

在实验中,我们可以发现仿真前后的参数都发生了很大的变化。在价格模块中,2025年碳交易价格和污染物交易价格均大幅上涨,这与市场调查中居民的预期一致。在免费配额比例模块中,免费碳配额比例增大,免费污染物配额比例减小。我们认为,这里碳交易的作用最为显著,企业转型使煤电比重显著下降,二氧化碳排放总量显著下降。因此,此时免费碳配额的比例有所增加,这可以减轻企业的压力,可以看作是对企业的变相补贴。对于污染行业,由于 SO_2 等污染气体是有害的,政府仍然严格控制污染物的排放,所以自由配额比例低,污染物的排放受到政策的限制。总体而言,未来碳排放权交易价格和排污权交易价格将大幅上涨,污染物免费配额比例将继续下降,免费碳配额比例变化较小,国家将在一定范围内提高对企业的免费补贴比例。

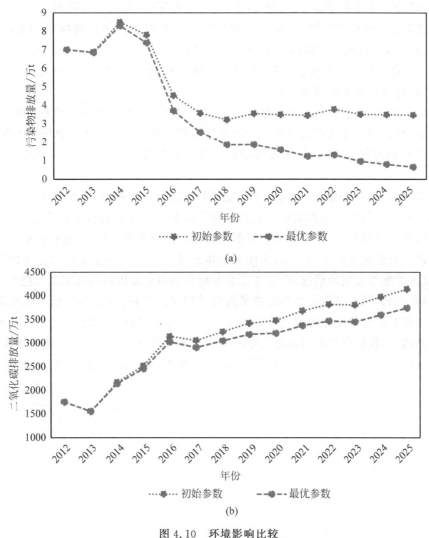

图 4.10　环境影响比较

(a) 污染物排放量；(b) 二氧化碳排放量

因此,对于未来重庆的碳排放权交易和排污权交易市场,政府应根据仿真模拟结果引导交易价格趋近仿真结果,或者建立价格设定制度,完善交易机制,在保障企业不遭受较大经济损失的条件下,更好地减少污染物排放量,保护区域环境。

4.4　碳排放权交易与排污权交易协同政策建议

本研究考虑了碳排放权交易(NCET)和排污权交易(PRT)联合作用下的重庆电力产业经济与区域环境的关系。通过分析碳排放权交易企业与排污权交易企业利润之间的内在关系,利用敏感性分析实验,进行政策优化模拟,为重庆乃至全国电力企业未来发展提供理论支持。具体仿真结果如下。

(1) 在 NCET 和 PRT 的影响下,重庆市电力行业污染物排放量和二氧化碳排放量明显减少,环境得到明显改善,但同时会对经济产生一定的影响,降低企业利润。

（2）在碳交易机制的作用下,减少自由配额或提高碳交易价格将减少污染物的排放;PRT 对二氧化碳排放也有类似的影响,但并不强烈。

（3）在一定的经济水平和企业利润范围内,仿真优化可以使企业在一定条件下的利润损失变小,同时获得较大的减排收益。

基于以上结论,我们可以提出一些有益的政策建议。未来政府应继续加大碳交易力度,逐步提高碳交易价格,使碳排放权作为一种商品能够长期存在。在污染物排放方面,中国的污染主体基数仍然很大,所以仍然需要降低免费污染物配额的比例,从而使环境质量得到改善。

本章首先对电力行业的现状进行了逻辑分析。其次基于系统动力学理论,利用 Anylogic 软件进行模型构建和验证。最后配置不同参数进行敏感性分析实验,通过图表和数据分析得出相应结论,为政府减排政策的完善提供理论支持。然而,这种模式也有一些缺点。仅考虑了两种交易机制的影响,未能充分体现发电权交易对重庆电力企业的影响。此外,本章只考虑燃煤发电的情况,没有考虑企业绿色电力交易机制和国家对绿色电力补贴情况下的影响。而且没有对企业自身的技术投资进行深入分析,也没有分析发电所需的煤炭供应链运输环节产生的碳和污染气体。因此,基于本章的研究,未来在碳排放权交易和排污权交易的基础上,我们将考虑供应链运输环节和企业投资这两个与模型相关的因素,使研究更充分地反映现实,并为企业决策和国家政策制定提供强有力的理论支持。

第5章

"双碳"目标下碳排放权交易政策效应研究

5.1 "双碳"目标下碳排放权交易政策分析

5.1.1 研究背景

第 2 章与第 3 章主要以电力行业为研究对象,研究了直接型减排交易政策的实施效应,本章将选取云计算这一新兴产业作为研究对象,考虑国家"双碳"目标,对碳排放权交易政策的实施效应进行更深入的研究。

近年来,"碳达峰、碳中和"理念逐步深化,绿色节能的重要性愈发凸显。根据国际能源机构(IEA)的数据,中国是二氧化碳排放大国,减碳目标任重道远。在 2020 年第七十五届联合国大会上,中国向国际社会做出承诺——力争于 2030 年前达到二氧化碳排放峰值,并努力争取 2060 年前实现碳中和。2021 年 3 月,《中华人民共和国国民经济和社会发展第十四个五年规划和 2035 年远景目标纲要》正式发布,明确了中国 2035 年的远景低碳规划目标。在"双碳"目标的影响下,碳减排已成为全社会关注的焦点。

云计算是一种以互联网为载体实现资源共享,按使用量进行付费的新型互联网应用模式。近年来,随着信息技术的高速迭代,全球云计算市场规模扩张迅速,云计算应用从互联网行业向政务、金融、工业、医疗等传统行业加速渗透。中国信息通信研究院(CAICT,以下简称中国信通院)数据显示,2020 年中国云计算整体市场规模达 2091 亿元,增速 56.6%,2015 年以来年复合增长率为 55.11%,未来增速有望保持在 30%以上。云计算无疑是一个具有广阔前景的行业。

云计算行业在社会信息化智能化发展中占据重要地位的同时,也导致高能耗、高碳排放量问题。作为云计算基础设施的数据中心,为处理用户生成的海量数据和冷却高密度服务器,往往需要消耗大量电能。从全球范围来看,云计算行业的耗电量约占全球耗电总量的8%,电费占云计算行业运营成本的 60%左右。且云计算企业为保持能源供应的稳定性,清洁能源普遍只占少部分,其余来自煤炭、核电和天然气等传统能源,碳排放量巨大。随着 5G的逐步商用,云计算行业进入高速发展阶段,逐渐成为不可忽视的二氧化碳排放源。

云计算行业作为高能耗行业,迫切需要优化产业结构和能源结构,减少碳排放。加强云计算技术的应用,促进数据中心绿色化转型,是实现双碳目标的重要手段。作为"双碳"政策中较成熟的碳排放权交易政策,也应尽快纳入云计算行业实施,以推动行业绿色低碳发展。同时,加快减碳技术的研发与应用,削减碳排放的"源"和增加碳排放的"汇",即削减正排放、增加负排放,实现可持续的高质量发展。基于以上观点,本研究拟研究加入碳排放权交易政策和碳减排技术对云计算行业发展的综合影响,为我国云计算行业提供减排建议。

　　基于上述分析,本章以中国云计算行业为背景,通过 SD-DEA 相结合的理论,构建云计算行业碳减排策略仿真模型,对其进行有效性检验并设置政策情景仿真模拟,比较策略的影响效果;随后构建考虑非期望产出的 SBM 模型,评价策略的综合效率,由此为云计算行业节能减排和可持续发展提供理论指导和对策思路。

5.1.2　研究目的与意义

　　鉴于云计算行业的重要性及"双碳"理念,本研究聚焦云计算行业碳减排策略选择,研究目标如下。

　　(1)探究碳交易政策和减碳技术的综合效应对云计算行业发展的影响。

　　(2)综合考虑环境、行业发展、投资成本等因素,评价减碳策略的综合效率。

　　(3)做出策略选择并提出相应建议,为我国今后云计算行业的发展提供参考。

　　本章选取我国的云计算行业作为研究对象具有很强的现实意义。通过本章的研究,既能仿真模拟云计算行业碳减排策略的实施效果,又能对不同策略的碳排放效率进行量化评价,从而有针对性地对政府和有关企业提出相应政策和建议,提升能源的优化利用水平,促进我国碳减排和云计算行业持续高效发展,为我国乃至全世界的绿色能源与绿色经济发展作出贡献。

5.2　"双碳"目标下碳排放权交易政策仿真模型的建立

5.2.1　理论介绍

　　本章涉及的理论为系统动力学模型及数据包络分析(DEA)模型,其中系统动力学模型在前面章节已有介绍,现介绍 DEA 模型。

1. 传统 DEA 模型

　　数据包络分析(data envelopment analysis,DEA)模型以凸分析和线性规划为工具,计算和比较同类型决策单元(decision making units,DMU)之间的相对效率,依此对评价对象做出评价。DEA 的基础模型包括 CCR 模型(Charnes,Cooper & Rhodes)和 BCC 模型(Banker,Charnes & Cooper)。

　　CCR 模型假设 DMU 处于固定规模报酬的情形,即产出的增加比例与各投入增长比例相同,以衡量 DMU 的综合效率。假设有 n 个可比的 DMU,选取其中的一个行业或企业作为被评价的决策单元 $DMU_j (j=1,2,\cdots,n)$,其中投入指标共有 m 种,记为 $x_i (i=1,2,\cdots,m)$,表示投入的权重为 $v_i (i=1,2,\cdots,m)$;而产出指标共有 q 种,记为 $y_r (r=1,2,\cdots,q)$,

表示产出的权重为 $u_r(r=1,2,\cdots,q)$,将要被测量的 DMU 记为 DMU_k,其线性规划对偶模型为

$$\min\theta$$

$$\mathrm{s.\,t.}\begin{cases} \sum_{j=1}^{n}\lambda_j x_{ij} \leqslant \theta x_{ik} \\ \sum_{j=1}^{n}\lambda_j y_{rj} \geqslant y_{rh} \\ \lambda \geqslant 0 \end{cases}$$

$$i=1,2,\cdots,m; \quad r=1,2,\cdots,q; \quad j=1,2,\cdots,n$$

其中,λ 代表 DMU 的线性组合系数,其中模型的最优解 θ^* 代表测算的效率值,取值范围为 $(0,1]$。$\theta^*=1$ 说明被测评的 DMU 此时正位于生产前沿面上,即在保证产出水平的情况下,其投入水平无法下降,此时就是达到了技术有效状态。而 $\theta^*<1$ 则说明被测评的 DMU 处于技术无效率状态,此时在不降低产出水平的情况下,其各项投入指标均可以等比例下降,下降幅度为 $1-\theta^*$。

BCC 模型在 CCR 模型基础上进行了进一步拓展。假设决策单元规模报酬可变,即决策单元的投入和产出能以不同比例增加或减少,以评价决策单元的纯技术有效性。以投入导向 BCC 模型为例,其对偶规划式如下:

$$\max \sum_{r=1}^{s}\mu_r y_{rk} - \mu_0$$

$$\mathrm{s.\,t.}\begin{cases} \sum_{r=1}^{q}\mu_r y_{rj} - \sum_{i=1}^{m}v_i x_{ij} - \mu_0 \leqslant 0 \\ \sum_{i=1}^{m}v_i x_{ik} = 1 \\ v \geqslant 0; \quad \mu \geqslant 0; \quad \mu_0\,\mathrm{free} \end{cases}$$

$$i=1,2,\cdots,m; \quad r=1,2,\cdots,q; \quad j=1,2,\cdots,n$$

其中,v_i 与 μ_r 分别代表投入与产出的权重,而 μ_0 为自由变量,它的符号正负不影响目标函数结果。

传统的 DEA 模型可以综合评价相同类型的 DMU 间多项投入与产出的相对效率,在现有研究碳排放效率的文献中得到广泛应用(Hampf et al.;Sueyoshi et al.)。

2. 考虑非期望产出的 SBM

传统的 DEA 模型通过径向和角度测度被评价的决策单元,并不能充分考虑投入产出的松弛性问题,由此效率值的估计会存在一定的误差。在此基础上,Tone 于 2001 年首次提出 SBM(Slacks-Based Measure Model),该模型可以在单过程效率评价时,求出投入和产出的具体松弛程度。

假定有 n 个决策单元,每个具有可比性的决策单元包含 3 种投入产出变量,其中有 m 种投入、s_1 种期望产出及 s_2 种非期望产出,它们分别是 $X=(x_1,x_2,\cdots,x_n)\in R_{m\times n}$,$Y^g=(y_1^g,y_2^g,\cdots,y_n^g)\in R_{S_1\times n}$,$Y^b=(y_1^b,y_2^b,\cdots,y_n^b)\in R_{S_2\times n}$,其中,$x_i>0,y_i^g>0,y_i^b>0,i=$

$1,2,\cdots,n$。

根据定义,考虑非期望产出的 SBM 规划式如下:

$$D_0(x,y,b,g)=p^*=\min \frac{1-\dfrac{1}{m}\displaystyle\sum_{i=1}^{m}\dfrac{s_i^-}{x_{io}}}{1+\dfrac{1}{s_1+s_2}\left(\displaystyle\sum_{r=1}^{s_1}\dfrac{s_r^g}{y_{ro}^g}+\displaystyle\sum_{r=1}^{s_2}\dfrac{s_r^b}{y_{ro}^b}\right)}$$

$$\text{s.t.}\begin{cases} x_o=X\lambda+s^- \\ y_o^g=Y^g\lambda-s^g \\ y_o^b=Y^b\lambda+s^b \\ s^-\geqslant 0,\quad s^g\geqslant 0,\quad s^b\geqslant 0,\quad \lambda\geqslant 0 \end{cases}$$

式中,s^-、s^g、s^b 分别为投入变量、期望产出、非期望产出的松弛变量;λ 为权重系数;p^* 为目标函数且是严格递减的,并有 $0\leqslant p^*\leqslant 1$。对于这 n 个决策单元,当且仅当 $p^*=1$,且 $s^-=s^g=s^b=0$ 时,被测评的决策单元充分有效;否则说明决策单元存在效率损失,可以在投入产出上做相应的改进,这种改进的幅度由松弛变量占各自投入和产出的比例决定。

它作为一种新的非径向、非定向 DEA 模型,既考虑了非期望产出,又可以同时进行输入和输出松弛,区分投入和产出的效率。近年来,越来越多的研究使用 SBM-undesirable 模型研究能源效率或环境效率(Tao 等;Lin 等;Lv 等)。因为本研究是针对云计算行业的策略实施评价研究,必然会涉及碳排放,也就是坏产出。在 SBM 中正是将坏产出作为非期望产出归类的,能够全面体现增加期望值、减少非期望值的思想。

5.2.2　云计算行业现状和影响因素分析

1. 云计算行业碳排放政策的趋势分析

数据中心作为承担云计算数据储存与处理的核心基础设施,其运营时的高能耗、高碳排放问题一直未得到有效解决。因此,国家也出台了一系列政策和措施,提升数据中心的绿色水平,改善云计算行业高耗能的现状。

(1)建设绿色数据中心。我国发布了《工业绿色发展规划(2016—2020 年)》《三部门关于加强绿色数据中心建设的指导意见》等相关政策文件,表明在新一代信息技术快速革新的背景下,云计算行业建设绿色数据中心是保障资源环境可持续的基本要求,是深入实施制造强国、网络强国战略的有力举措。未来要建立健全绿色数据中心的标准评价体系,打造一批先进典型,形成一批具有创新性的绿色技术产品和解决方案。

(2)加强政策支持。国家鼓励优先给予绿色数据中心直供电、大工业用电优惠和政策支持。引导国家机关和企事业单位优先采购绿色数据中心提供的各项服务,如机房租赁、云服务、大数据等,加大政府采购政策支持力度。此外,新一线城市如上海、北京、深圳等先后出台了数据中心建设规则,以控制新建数据中心的能耗。

(3)加强行业监管。在深入研究既有数据中心绿色发展水平的基础上,督促高能耗企业开展节能与绿色改造工程。遴选一批绿色数据中心的优秀典型,为高能耗数据中心做出表率和示范作用。充分发挥公共机构尤其是党政机关示范引领作用,定期发布《国家绿色数据中心名单》,推动建立社会监督和违规惩戒机制。

总的来说,目前许多城市对数据中心碳排放的约束已得到行业企业的广泛关注,但总体上现有的碳排放政策在云计算行业层面还有待进一步深入和具体化,以改善云计算行业高耗能的现状,助力"双碳"目标的实现。

2. 云计算行业碳减排技术的趋势分析

近年来,绿色化低碳化转型是数据中心实现减排的建设方向,其中清洁能源、数据中心电源使用效率(power usage effectiveness,PUE)及 IT 敏捷性是实现绿色减碳需要着重关注的因素,能够更好地推动云计算行业节能减排。

(1) 提高清洁能源使用占比。研究表明,目前中国云计算行业尚未形成大规模性采购可再生能源电力的趋势,数据中心几乎没有自购新能源的行为。且诸多大型数据中心建设选址集中在北京、浙江、江苏等可再生能源电力占比较低的省市,导致云计算行业化石能源使用量仍然在市场中占电力消费量的绝大部分。在"碳达峰、碳中和"战略目标导向下,未来提高清洁能源使用量是云计算企业可持续发展的必然趋势。

(2) 提高电源使用效率。PUE 是数据中心消耗的所有能源与 IT 负载消耗的能源之比,反映了数据中心的绿色化程度。近年来,全国数据中心能效水平保持平稳提升,2021 年全国数据中心平均 PUE 为 1.49。其中华北、华东地区处于相对较高水平,数据中心规模化、集约化和绿色化程度较高,而华中、华南地区受地理位置和上架率及多种因素的影响,存在较大提升空间。总体上,各地区对数据中心 PUE 的关注度越来越高,纷纷出台限制性政策,规范数据中心的能耗管理,加强节能的具体要求。

(3) 强化绿色设计。云计算行业要贯彻绿色、低碳理念,把握提质增效的新抓手,全面打造面向未来的数字经济发展引擎,就要从底层基础设施入手强化绿色设计。加强对新建数据中心在 IT 设备、机架布局、制冷和散热系统及供配电系统等方面的绿色化设计指导,鼓励自建余热回收利用系统或可再生能源发电。

目前,亚马逊、谷歌、阿里巴巴等头部云厂商关于"云减碳"的相关措施越来越多,"碳中和"已开始真正落实,但仍有许多云计算企业对减碳技术的重视程度远远不够。云计算行业热门发展的近些年来,相关企业大多格外重视经济效益而忽视了环境效益,使绿色技术创新仍存在巨大潜力,未来碳减排成果将与企业减碳技术革新力度息息相关。

3. 云计算行业碳排放影响因素分析

1) 能源因素

一个典型的数据中心需要 1000 部 10MW 的电力操作系统,这就导致较高的用电量和能源消耗量。因此,能源因素会对云计算行业碳排放产生直接影响。

从全球来看,华为研究人员 Andrae 预测:到 2025 年,如果没有更快地采用更高效的能源,数据中心将消耗全球 20% 的电力,使其碳足迹占全球碳足迹的 5.5%。

从中国来看,数据中心能耗问题也不容乐观。2011—2016 年,数据中心耗电量以每年超过 10% 的速度迅猛增长。2017 年,国内数据中心总耗电量达到 1200~1300kW·h,超过了三峡大坝和葛洲坝电厂的发电量之和。预计 2025 年,中国数据中心耗电量将高达

3842.2亿 kW·h。

  随着大规模数据中心在全球范围内的广泛部署,云计算行业的总用电量和能源消耗量逐年增加,行业高能耗、高费用、高污染等问题日益突出。为降低成本及节能减排,越来越多的云服务提供方尝试利用太阳能或风能等绿色新能源为其数据中心供电,如图 5.1 所示。

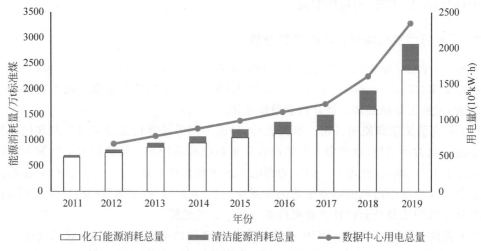

图 5.1   中国云计算行业能源消耗情况

2）经济因素

  云计算行业市场由基础设施即服务(IaaS)、平台即服务(PaaS)和软件即服务(SaaS)三部分构成。而数据中心作为用户产生海量终端数据的传输与承载实体,是支撑云计算展开服务的关键基础设施。数据中心等基础设施的不断发展使云平台可以灵活应用,而云服务的发展又缓解了数据中心内部的难题,它们既互为载体,又相互促进。

  随着近年来大数据、物联网、人工智能等新一代信息技术的不断发展,云计算市场规模和数据中心市场规模飞速发展,以数据资源为关键生产要素衍生出的数字经济规模也在不断扩大(图 5.2)。云计算行业的广阔前景促进每年的投资增速日益加快,一方面可以增大基础设施的投入,进一步扩大市场规模(但能源消耗量和碳排放量也会相应增加);另一方面也可以促进技术进步,有利于能源使用效率和碳排放效率的提高。

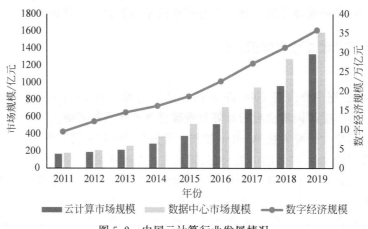

图 5.2   中国云计算行业发展情况

3) 政策因素

中国 2013 年起在八个试点项目实施了碳排放权交易体系,全国碳市场第一批交易 2021 年 7 月正式开启,未来碳市场将进一步发展。鉴于行业高碳排放量和节能减排目标之间的矛盾,云计算行业迫切需要加入碳排放权交易市场以约束数据中心的碳排放。

碳排放权交易政策的核心是将环境"成本化",借助市场力量将环境转化为一种有偿使用的生产要素,将碳排放权这种有价值的资产作为商品在市场上交易。云计算企业加入碳交易市场,通过头卖碳排放权的经济行为与外部进行碳交易活动,有利于激励企业控制二氧化碳排放量,构建绿色数据中心。

近年来,中国碳排放权交易政策稳定有序推进,试点项目的碳排放权成交量和平均价格如图 5.3 所示。可见,成交量和碳排放权交易价格大致呈负相关关系,碳交易价格越高,成交总量越低。在碳交易体系下,各云计算企业需要选择适合自身的策略降低环境投入方面的成本,如 IBM 公司通过碳交易补偿其排放的二氧化碳,同时投资其他技术方式从源头减少排放,例如可再生能源生产或碳封存。

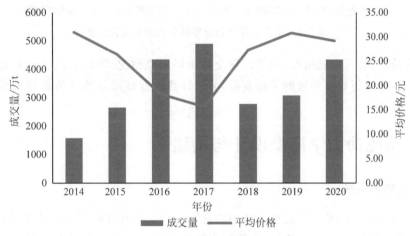

图 5.3 中国碳交易市场近年成交情况

4) 技术因素

由于新能源发电技术尚未成熟,往往具有不稳定性和间歇性等特点,而数据中心承载的云计算服务量巨大,若出现故障,其影响广度和深度将非常大。这就要求云计算数据中心必须具有高可靠性,能够稳定运行。因此,未来一段时间内仍然需要混合能源,即太阳能、风能等新能源与煤炭、核电、天然气等传统能源结合为云计算中心供电。

技术因素通过改变燃料种类比例、改变二氧化碳处理方式等途径,对云计算行业碳排放系统产生巨大影响。一方面,近年来可再生能源装机容量快速增加,促进了零碳发电量的提升(图 5.4),2019 年中国云计算行业的零碳发电量已达到 3930 亿千瓦时。未来能源领域逐步提升清洁能源消费比重,推进能源结构调整,构建低碳安全高效的体系将成为必然趋势。另一方面,"碳达峰、碳中和"背景下,为实现能源系统的净零排放目标,要求大力发展负排放技术,如碳捕集、利用与封存等技术的研发示范和推广。

本节从政策和技术角度分析了云计算行业碳排放的现状及趋势,进而剖析影响中国云计算行业碳排放的 4 个方面主要因素,即能源因素、经济因素、政策因素和技术因素。从近

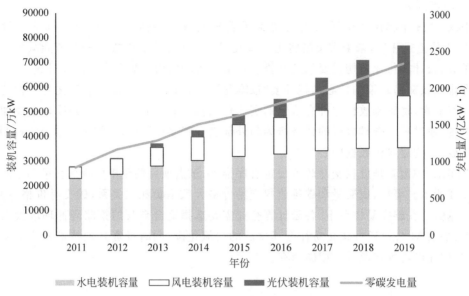

图 5.4　中国云计算行业零碳装机容量变化情况

年行业发展情况、能源消耗情况、碳排放权交易市场成交情况、零碳装机容量和发电量变化情况中找出云计算行业碳排放的关键变量,为云计算行业碳减排策略仿真模型的建立与仿真模拟打下基础。

5.2.3　系统动力学模型设计与构建

1. 仿真模型设计

系统动力学建模的第一步是对系统边界进行分析。本研究模型的空间边界为中国云计算行业,时间边界为 2011—2040 年,主要历史数据时段为 2011—2019 年,时间步长为 1 年。云计算行业碳排放系统的主要内容包括影响其碳排放的经济、能源、政策、环境等因素。根据我国云计算行业的历史数据及未来发展趋势,确定模型参数和变量方程式,并运用 Anylogic 平台进行以下两项内容的仿真。

(1) 模拟云计算行业 2011—2040 年碳排放系统关键变量的变化趋势。

(2) 调节模型参数,进行综合碳交易政策和减碳技术的策略模拟,预测不同策略情景对云计算行业碳排放系统的作用效果。

云计算行业在发展过程中受到软硬件技术、企业利益和国家政策等多种因素制约,需要清晰界定模型的边界。为简化现实系统并突出研究内容,同时有利于仿真模拟,本书提出以下 4 个假设。

假设 1:不考虑云计算行业与其他行业的竞争,假设随着数字经济的发展,未来云计算技术对用户吸引程度有一定提升。

假设 2:模拟期内云计算技术不断成熟,云计算企业基本能满足用户的使用需求,保持市场供需平衡。

假设 3:未来云计算行业除可能加入碳排放权交易政策外,不会有其他重大政策调整。

假设4：考虑到模型的简洁性与数据的可获取性，某些次要因素将不予考虑。

2. 子系统分析与因果回路图

云计算行业碳排放系统主要由经济子系统、环境子系统、能源子系统及策略子系统组成。各子系统之间及子系统内部各要素之间相互影响、相互制约、相互作用，其构成及主要反馈机制框架图如图5.5所示。

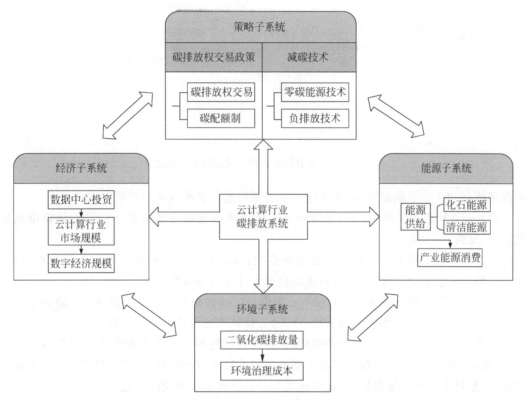

图5.5 云计算行业碳排放系统框架图

策略子系统包括碳排放权交易政策和碳减排技术两个方面内容，本研究拟将现有较成熟的碳配额交易政策和"双碳"背景下国家大力发展的低碳、零碳和负碳技术引入系统。在经济子系统中，主要考虑云计算行业的市场，主要包括基础设施即服务、平台即服务和软件即服务三个部分构成。在环境子系统中，主要考虑云计算行业二氧化碳排放带来的环境治理成本因素。在能源子系统中，由于传统能源的高能耗、高污染和新能源的不稳定性、间歇性和随时变化的特点，未来一段时间内仍然需要混合能源为云计算中心供电，故能源子系统主要考虑化石能源和清洁能源两个方面的供给。4个子系统相互影响、相互制约、相互作用，在碳配额交易和技术革新的刺激下形成动态循环过程。

根据模型框架图和子系统分析，厘清各变量间的反馈关系。利用Anylogic软件建立云计算行业碳排放系统动力学模型，其因果回路图如图5.6所示，该因果回路图也体现了各子系统的相对独立性和彼此间的关联性。

在图5.6展示的因果回路图中，主要包括6个反馈回路，这6个反馈回路又可分为4个

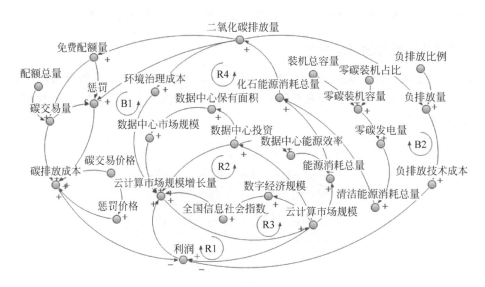

图 5.6 云计算行业碳排放系统因果回路图

增强型回路和 2 个平衡型回路,下面逐一对各回路进行逻辑梳理与说明。

(1)云计算市场规模→(+)利润→(+)云计算市场规模增长量→(+)云计算市场规模。(正反馈)

云计算市场规模的扩大有利于促进企业产出的增长,企业利润也产生一定的正效应。而利润增加又会推动云计算的发展,最终促进云计算市场规模的扩大。

(2)云计算市场规模→(+)数据中心投资→(+)数据中心保有面积→(+)数据中心市场规模→(+)云计算市场规模增长量→(+)云计算市场规模。(正反馈)

数据中心是行业发展的核心和关键,云计算市场规模的扩大对数据中心投资有促进作用,在数据中心布局和核心技术没有大幅改变的前提下,投资力度加大会使数据中心保有面积提升,数据中心市场规模扩大,最终体现为云计算行业市场规模的进一步扩大。

(3)云计算市场规模→(+)数字经济规模→(+)全国信息社会指数→(+)云计算市场规模增长量→(+)云计算市场规模。(正反馈)

云计算市场规模的扩大意味着云制造、云服务等新兴行业发展前景广阔,促进数字经济规模增大,进而作用于全国信息社会指数。该指数反映了一个国家的信息化发展水平,信息化程度越高,对云计算市场规模的促进作用越显著。

(4)二氧化碳排放量→(+)环境治理成本→(−)云计算市场规模增长量→(+)云计算市场规模→(+)数据中心投资→(+)数据中心能源效率→(−)能源消耗总量→(+)化石能源消耗总量→(+)二氧化碳排放量。(正反馈)

二氧化碳排放量的增加促使云计算企业增加更多的投入治理环境,而环境治理成本的增加短期内必然会对云计算行业的发展造成一定负效应,影响云计算市场规模增长量。同时,云计算行业的快速发展有利于加快数据中心投资、促进技术进步,提高能源使用效率,进而减少能源消耗、降低化石能源比重。相应地,数据中心越节能环保,排放的二氧化碳量越少。

(5)二氧化碳排放量→(+)罚款→(+)碳排放成本→(−)利润→(+)云计算市场规模

增长量→(＋)云计算市场规模→(＋)能源消耗总量→(＋)化石能源消费总量→(＋)二氧化碳排放量。(负反馈)

引入政策模块后,一方面,当政府配额总量一定时,二氧化碳排放量增加,云计算企业超额排放的罚款就会增加,从而增加碳排放成本。相应地提高企业运营成本,对利润产生一定的负效应,从而抑制云计算市场规模的增长。另一方面,能源消耗是计算中心发展的基石,云计算市场规模的上升会促进能源消耗总量的增加,化石能源消耗量随之加大,最终增加二氧化碳排放量。

(6)二氧化碳排放量→(＋)负排放量→(＋)负排放技术成本→(－)利润→(＋)云计算市场规模增长量→(＋)云计算市场规模→(＋)能源消耗总量→(＋)化石能源消费总量→(＋)二氧化碳排放量。(负反馈)

引入技术模块后,企业可以利用负排放技术抵消无法削减的碳排放,但同时负排放技术总成本会上升,使运营成本增加、利润降低。其后的反馈回路原理与(5)类似。

3. 系统存量流量图

为进一步准确描述系统中各要素之间的逻辑关系、反馈形式及控制规律,本研究在上一小节因果关系图的基础上引入水平变量、速率变量、辅助变量等要素,构建更深入的系统存量流量图,使之全面描绘系统全貌,从而达到策略仿真的目的。

基于代表性、可获得性和精简性等原则,选取42个变量建立云计算行业碳排放策略的系统动力学仿真模型。结合各子系统的反馈机制,按照设定框架进行整合,利用 Anylogic 软件绘制系统存量流量图,如图5.7所示。

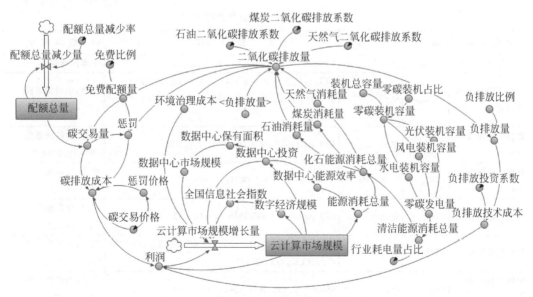

图5.7　云计算行业碳排放系统存量流量图

4. 主要变量及参数设定

本研究使用的变量主要包括云计算市场规模及其增长量、数据中心市场规模及保有面积、环境治理成本、二氧化碳排放量、零碳发电量、清洁能源消耗总量、负排放技术成本等。根据系统结构、反馈机制及反馈回路,构建描述云计算行业碳排放系统的相关方程,采用表函数法、经验公式法、线性回归法等确定模型参数值。模型主要数据来源于 2011—2019 年的《云计算发展白皮书》《中国能源统计年鉴》和公开发表的文献资料,数据来源较为可靠准确。表 5.1 总结了主要数据来源。

表 5.1   主要数据来源数据库名

数 据 库 名
中国信通院(CAICT)-云计算发展白皮书
国家发展和改革委员会(NDRC)
国际数据公司(IDC)
碳排放权交易网(CETN)
国家能源局(NEA)
国家信息中心(SIC)
中国电力企业联合会(CEC)

模型内生变量包括云计算市场规模、云计算市场规模增长量、二氧化碳排放量、数据中心投资、环境治理成本、能源消耗总量、碳排放权交易量、零碳装机容量等变量。基于定性分析,采用计量经济学方法拟合回归各内生变量,估计关键方程的参数。本研究中各拟合方程 R^2 的平均值均大于 0.95,表明模型的拟合优度较好。模型主要变量及参数设定如表 5.2 所示。

表 5.2   模型主要变量及参数设定

变量名称	缩写	单位	变量方程式	数据来源
云计算市场规模	CCI_{MS}	亿元	$CCI_{MS}(t)=CCI_{MS}(t-1)+CCI_{MSG}(t)$	中国信通院
云计算市场规模增长量	CCI_{MSG}	亿元	$CCI_{MSG}(t)=3.741EGC(t)+42.78ISI(t)+0.181CDC_{MS}(t)+0.0001IP(t)-0.136CDC_I(t)-109.11$	拟合,中国信通院 $(R^2=0.957)$
数据中心市场规模	CDC_{MS}	亿元	$CDC_{MS}(t)=0.860CDC_A(t)-771.632$	拟合,中国信通院 $(R^2=0.966)$
数据中心保有面积	CDC_A	万平方米	$CDC_A(t)=1.984CDCI(t)+843.936$	拟合,绿色和平 $(R^2=0.976)$
数据中心投资	CDC_I	亿元	$CDC_I(t)=0.709CCIMS(t)+48.662$	拟合,绿色和平 $(R^2=0.984)$
数字经济规模	DES	万亿元	$DES(t)=1E\text{-}08CCI_{MS}(t)^{\wedge}3-4E\text{-}05CCI_{MS}(t)^{\wedge}2+0.058CCI_{MS}(t)+2.2772$	拟合,中国信通院 $(R^2=0.993)$
全国信息社会指数	ISI	Dmnl	$ISI(t)=0.1176\ln(DES(t))+0.0868$	拟合,国家信息中心 $(R^2=0.989)$
环境治理成本	EGC	亿元	$EGC(t)=75.74CE(t)/10000$	碳排放权交易网
二氧化碳排放量	CE	万吨	$CE(t)=C_C(t)CEC_C(t)+C_O(t)CEC_O(t)+C_G(t)CEC_G(t)-NE(t)$	定义

续表

变 量 名 称	缩 写	单 位	变量方程式	数 据 来 源
二氧化碳排放系数	CEC	万吨/万吨标准煤	外生,包括煤炭、石油、天然气排放系数	IPCC 2006 二氧化碳排放系数;IPCC 2019 修订版指南
煤炭消耗量	C_C	万吨标准煤	$C_C(t)=0.716\text{NC}_F(t)+5.166$	拟合,国家能源局($R^2=0.998$)
石油消耗量	C_O	万吨标准煤	$C_O(t)=0.188\text{NC}_F(t)-0.065$	拟合,国家能源局($R^2=0.995$)
天然气消耗量	C_G	万吨标准煤	$C_G(t)=0.089\text{NC}_F(t)-0.958$	拟合,国家能源局($R^2=0.994$)
化石能源消耗总量	NC_F	万吨标准煤	$\text{NC}_F(t)=\text{NC}_{SUM}(t)-\text{NC}_R(t)$	定义
清洁能源消耗总量	NC_R	万吨标准煤	$\text{NC}_R(t)=0.547\text{CDC}_I(t)+1.229\text{PG}_{ZC}(t)0.03-22.485$	拟合,绿色和平($R^2=0.996$)
能源消耗总量	NC_{SUM}	万吨标准煤	$\text{NC}_{SUM}(t)=(1.676\text{CCI}_{MS}(t)+505.295)\text{PUE}(t)$	拟合,国家能源局($R^2=0.971$)
数据中心能源效率	PUE	Dmnl	$\text{PUE}(t)=-0.509\ln(\text{CDC}_I(t))+5.142$	拟合,国际数据公司($R^2=0.988$)
利润	IP	亿元	$\text{IP}(t)=0.02\text{CCI}_{MS}(t)-C_C(t)-\text{NE}_{TC}(t)$	亚马逊:AWS营业利润率
免费比例	PFQ	Dmnl	外生	中国政府网,碳排放权交易管理办法
免费配额量	FQ	万吨	$\text{FQ}(t)=\text{CE}(t)\text{PFQ}(t)$	定义
配额总量减少率	TQR_R	Dmnl	外生	中国政府网,碳排放权交易管理办法
配额总量减少量	TQR	万吨	$\text{TQR}(t)=\text{TQ}(t-1)\text{TQR}_R(t)$	定义
配额总量	TQ	万吨	$\text{TQ}(t)=\text{TQ}(t-1)-\text{TQR}(t)$	定义
碳交易量	CT_V	万吨	$\text{CT}_V(t)=\text{TQ}(t)-\text{FQ}(t)$	定义
碳交易价格	CT_P	万吨	外生	中国碳交易网
惩罚	P	亿元/万吨	$P(t)=\text{CE}(t)-\text{FQ}(t)-\text{CT}_V(t)$	定义
惩罚价格	P_P	亿元/万吨	$P_P(t)=4\text{CT}_P(t)$	北京市发展和改革委员会
碳排放成本	C_C	亿元	$C_C(t)=P(t)P_P(t)+\text{CT}_P(t)\text{CT}_V(t)$	定义
负排放比例	PNE	Dmnl	外生	中国政府网,碳中和工作意见
负排放量	NE	万吨	$\text{NE}(t)=\text{PNE}(t)\text{CE}(t)$	定义
负排放投资系数	NE_{IF}	Dmnl	外生	美国国家科学、工程与医学研究院
负排放技术成本	NE_{TC}	亿元	$\text{NE}_{TC}(t)=\text{NE}_{IF}(t)\text{NE}(t)$	定义
零碳装机占比	PIC_{ZC}	Dmnl	外生	中国政府网,非化石能源消费比重

续表

变 量 名 称	缩 写	单 位	变量方程式	数 据 来 源
装机总容量	IC_{SUM}	万千瓦	外生	2011—2019 年：中国电力企业联合会（以下简称中电联）；2020—2040 年：预测数据
零碳装机容量	IC_{ZC}	万千瓦	$IC_{ZC}(t) = PIC_{ZC}(t)IC_{SUM}(t)$	定义
水电装机容量	IC_H	万千瓦	$IC_H(t) = 10427\ln(IC_{ZC}(t)) - 81044$	拟合，中电联（$R^2 = 0.922$）
风电装机容量	IC_W	万千瓦	$IC_W(t) = 13617\ln(IC_{ZC}(t)) - 133701$	拟合，中电联（$R^2 = 0.983$）
光伏装机容量	IC_P	万千瓦	$IC_P(t) = 8E - 07 IC_{ZC}(t)^2 + 0.2809 IC_{ZC}(t) - 8512.2$	拟合，中电联（$R^2 = 0.976$）
零碳发电量	PG_{ZC}	亿千瓦时	$PG_{ZC}(t) = 0.239 IC_H(t) + 0.383 IC_W(t) + 0.262 IC_P(t) + 1534.3$	拟合，中电联（$R^2 = 0.984$）
行业耗电量占比	$PIPC$	Dmnl	外生	国家能源局

当该存量流量图运行时，将云计算市场规模增长量和配额总量减少量作为系统的输入，各变量与参数设定根据表 5.2 所示进行计算，最终得到外部变化对该系统的影响。经过存量流量图的量化与代数式汇总，该模型可适用于实际情境的仿真。在仿真状态下输入实际数据后，由 Anylogic 平台运行本模型即可得到相应仿真结果。

5. 模型有效性检验

系统动力学模型建立完毕后，需要进行有效性检验以证明模型是现实情况的良好反映，从而保证模型稳定运行并输出合理结果。常用的系统动力学模型检验方法包括直观与运行检验、历史数据检验和灵敏度分析，它们共同构成本模型的有效性检验部分。

1）直观与运行检验

Anylogic 平台能够顺利运行本系统动力学模型，且模型试运行未产生病态结果，软件自带的检验功能表明该方程等式两边量纲一致。

2）历史数据检验

本研究选取模型中二氧化碳排放量和云计算市场规模两个主要变量进行一致性检验，计算 2011—2019 年变量拟合值与真实值的绝对误差，以验证该模型的有效性。

表 5.3 展示了误差检验的结果，两个主要变量的最大绝对误差分别为 6.66% 和 7.50%，均小于 8.00%；平均绝对误差分别为 4.03% 和 4.06%，均小于 5.00%，在可接受范围内。此结果表明云计算行业碳排放仿真模型较为真实合理，能有效把握系统变量的变化规律及其相关关系。

3）灵敏度分析

选取 4 个输出变量（云计算市场规模、二氧化碳排放量、数据中心市场规模、能源消耗总量）对 6 个参数（煤炭二氧化碳排放系数、石油二氧化碳排放系数、天然气二氧化碳排放系数、配额总量减少率、免费比例、碳交易价格）变化的灵敏度进行分析，探究这些参数变化对整个系统的影响。

表 5.3 误差检验的结果

年份	二氧化碳排放量			云计算市场规模		
	拟合值	真实值	误差/%	拟合值	真实值	误差/%
2011	1976.72	861.14	6.21	167.31	167.31	0.00
2012	2101.51	2074.15	1.32	202.64	188.50	7.50
2013	2275.18	2376.49	−4.26	231.81	216.20	7.22
2014	2516.40	2641.12	−4.72	298.11	287.00	3.83
2015	2850.86	2885.59	−1.20	394.80	378.00	4.44
2016	3313.86	3135.74	5.68	545.89	514.90	6.02
2017	3953.91	3706.96	6.66	727.10	691.60	5.13
2018	4837.75	4997.31	−3.19	977.34	962.80	1.51
2019	6057.28	5879.42	3.03	1322.63	1334.00	−0.85
平均误差	—	—	4.03	—	—	4.06

将各参数取值浮动 15%,观察 4 个输出变量灵敏度的平均值,即可反映该参数的灵敏度。本研究 6 个参数的平均灵敏度如图 5.8 所示,可以发现,煤炭二氧化碳排放系数的灵敏度较高,为 9.15%,接近 10%。其他参数的灵敏度值均小于 4%,表明系统对大多数参数的变化并不敏感,模型具有较好的稳健性及强壮性。

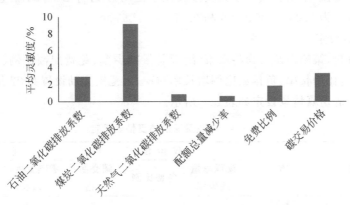

图 5.8　6 个参数的平均灵敏度

6. 仿真情景设定

模型假定云计算行业于 2020 年参与碳交易机制,能源结构调整、绿色低碳科技创新于 2020 年开始逐步开展,分别运行到 2040 年。仿真运行后将 2020—2040 年每年仿真结果与基准情景(不参与碳交易机制且未加强绿色低碳科技创新)的结果进行对比,在此基础上探索行业策略制定对云计算发展与碳排放的影响。

1) 政策设定

政策设定方面,碳交易政策中关键参数会对云计算行业发展和环境造成影响。本研究设定基准情景(BAU)为未参与碳交易机制情景,S0 为经典情景,A1～C4 为政策仿真情景,分别刻画不同配额总量减少率、免费比例及碳交易价格下的碳排放权交易机制。

对于配额总量减少率,考虑我国"碳达峰、碳中和"的愿景和路径,逐步减少配额总量是未来的发展趋势,因此将 A1~A4 情景的配额总量减少率分别设定为 0.005、0.015、0.020 和 0.025。在免费配额比例方面,根据相关参考文献和碳减排政策,将 B1~B4 情景下的免费比例分别设定为 0.3、0.5、0.7 和 0.9。碳交易价格方面,参考 7 个试点交易所的碳价,考虑其历史真实价格波动,将 C1~C4 情景下的碳交易价格分别设定为 20 元/吨、30 元/吨、50 元/吨、60 元/吨。

2) 技术设定

技术设定方面,"碳达峰、碳中和"背景下推动云计算行业低碳转型是必然趋势,减碳技术革新从原理上可以分为削减正排放(包括可再生能源的替代、提高能效、提高电气化率等)和增加负排放(包括农林碳汇、碳捕集、利用与封存应用,生物质能碳捕集与封存,以及直接空气碳捕集等)两类。本研究设定基准情景(BAU)为技术维持不变情景,S0 为经典情景,D1~E4 为技术革新下的仿真情景,刻画不同零碳装机占比和负排放比例下的绿色低碳科技创新。

对于零碳能源技术,通过增加可再生能源装机容量、大规模采用节能技术等方式,促进技术创新和进步,实现从碳密集型化石燃料向清洁能源的重要转变。将基准年清洁能源消耗占总能源消耗的比例设定为 0.2,将 D1~D4 情景下的零碳装机占比增长率分别设定为 0.02、0.03、0.04 和 0.06。负排放技术对未来能源系统净零排放的贡献潜力巨大,由于中国的碳汇处于起步阶段,本研究设定基准负排放技术占比为 0,将 E1~E4 情景下的负排放比例增长率分别设定为 0.03、0.05、0.06 和 0.07。

3) 减碳策略设定

根据以上分析,策略设定考虑将政策(配额总量减少率、免费配额比例、碳交易价格)和技术(零碳装机占比增长率、负排放比例增长率)按一定范围变动设置共 22 组数据进行仿真实验。减碳策略的仿真情景设定如表 5.4 所示。

表 5.4　减碳策略的仿真情景设定

模 拟 情 景	方案	政 策 设 定			技 术 设 定	
		配额总量减少率	免费比例	碳交易价格	零碳装机占比增长率	负排放比例增长率
基准情景	BAU	0	0	0	0	0
经典情景	S0	0.01	0.6	40	0.05	0.04
配额总量减少率的影响	A1	0.005	0.6	40	0.05	0.04
	A2	0.015	0.6	40	0.05	0.04
	A3	0.020	0.6	40	0.05	0.04
	A4	0.025	0.6	40	0.05	0.04
免费配额比例的影响	B1	0.01	0.3	40	0.05	0.04
	B2	0.01	0.5	40	0.05	0.04
	B3	0.01	0.7	40	0.05	0.04
	B4	0.01	0.9	40	0.05	0.04
碳交易价格的影响	C1	0.01	0.6	20	0.05	0.04
	C2	0.01	0.6	30	0.05	0.04
	C3	0.01	0.6	50	0.05	0.04
	C4	0.01	0.6	60	0.05	0.04

续表

模 拟 情 景	方案	政 策 设 定			技 术 设 定	
		配额总量 减少率	免费比例	碳交易 价格	零碳装机占比 增长率	负排放比例 增长率
零碳装机占比增长率 的影响	D1	0.01	0.6	40	0.02	0.04
	D2	0.01	0.6	40	0.03	0.04
	D3	0.01	0.6	40	0.04	0.04
	D4	0.01	0.6	40	0.06	0.04
负排放比例增长率的 影响	E1	0.01	0.6	40	0.05	0.03
	E2	0.01	0.6	40	0.05	0.05
	E3	0.01	0.6	40	0.05	0.06
	E4	0.01	0.6	40	0.05	0.07

注:基准年清洁能源消耗占总能源消耗的比例为 0.2,负排放技术占比为 0。

5.2.4 基于数据包络分析的策略评价模型的构建

1. SBM-Undesirable 模型设计与构建

考虑非期望产出的 SBM-Undesirable 模型是基于非径向和非角度的模型,它综合考虑了各决策单元的投入与产出,解决了投入产出松弛的问题,以更准确地测算考虑经济、能源、技术和环境的云计算行业碳减排策略综合效率。

根据第 2 章的理论基础,加入非期望产出的 SBM-Undesirable 模型如下:

$$p^* = \min \frac{1 - \frac{1}{m} \sum_{i=1}^{m} \frac{s_i^-}{x_{io}}}{1 + \frac{1}{s_1 + s_2} \left(\sum_{r=1}^{s_1} \frac{s_r^g}{y_{ro}^g} + \sum_{r=1}^{s_2} \frac{s_r^b}{y_{ro}^b} \right)}$$

$$\text{s. t.} \begin{cases} x_o = X\lambda + s^- \\ y_o^g = Y^g\lambda - s^g \\ y_o^b = Y^b\lambda + s^b \\ s^- \geqslant 0, \quad s^g \geqslant 0, \quad s^b \geqslant 0, \quad \lambda \geqslant 0 \end{cases}$$

上式是基于 CRS 假设的 SBM 模型,当 $p^* = 1$ 时,函数存在最优解,表示此时该碳减排策略是有效的;否则说明碳减排策略无效,可以在投入产出方面进行相应的改进。

2. 评价指标体系

参考已有研究,基于云计算行业与碳排放相关政策和技术的基本内涵,模型以数据中心投资额、能源消耗总量和负排放技术成本为投入指标。数据中心投资额是指一定时期内投入数据中心的固定资产投资的资金总量,综合反映了固定资产投资的规模和速率;能源消耗总量包括化石能源消耗量和清洁能源消耗量,反映了行业一定时期内消耗的能量;负排放技术成本是负碳技术投入的表现和衡量指标。模型以云计算市场规模为期望产出,CO_2排放量为非期望产出进行评价。构建评价指标体系如表 5.5 所示。

表 5.5　基于 DEA 模型的评价指标体系

一级指标	二级指标	单　　位
投入指标	数据中心投资（K）	亿元
	能源消耗总量（E）	万吨标准煤
	负排放技术成本（T）	亿元
产出指标	云计算市场规模（Y）	亿元
	二氧化碳排放量（C）	万吨

5.3　"双碳"目标下碳排放权交易政策仿真结果分析

5.3.1　系统仿真结果分析

为研究不同减碳策略对云计算行业发展和环境的影响,本研究通过模拟 5 个参数变化的 22 种策略情景,即不同的配额总量减少率（A1～A4）、免费配额比例（B1～B4）、碳交易价格（C1～C4）、零碳装机占比增长率（D1～D4）和负排放比例增长率（E1～E4）,分析云计算行业加入碳排放权交易市场和加强技术革新的影响。

BAU 情景与其他情景相比显然具有巨大的碳足迹。仿真结果表明,如果云计算行业不加入碳交易市场或维持减碳技术现状,预计 2040 年 CO_2 排放量将达到 49532.2 万吨。与 BAU 情景相比,经典 S0 情景的碳排放峰值为 12354.1 万吨（2030 年）,下降了约 75.1%。

1. 配额总量减少率

图 5.9 展示了云计算行业加入碳排放权交易机制,不同配额总量减少率对碳排放量和云计算市场规模的影响。A1～A4 配额总量减少率逐渐增大,意味着政府碳配额总量逐渐减少,相应地,企业在碳市场上能获得的碳排放权就更少。仿真结果表明,4 种情景略与基准情景折线基本重叠,2029 年达峰值约为 12300 万吨。这表明随着配额总量的减少,碳交易机制对碳减排无明显影响,对云计算市场规模的抑制作用反而有一定程度的增大。配额总量越少,企业为满足其生产需求要负担的碳排放成本越高,会在一定程度上降低产能,进而减少碳排放成本。相应地,产能减少会对云计算市场产生一定的负效应。

2. 免费配额比例

图 5.10 展示了云计算行业加入碳排放权交易机制,不同免费配额比例对碳排放量和云计算市场规模的影响。仿真结果表明,碳交易政策的实施会同时抑制行业碳排放量和云计算市场规模。但在碳达峰前,随着免费配额比例的逐渐增加,对碳排放量和云计算市场规模的抑制作用明显减弱。这表明免费配额增多使碳排放成本减小,削弱了加入碳交易机制的减排效果。碳达峰后,免费配额比例对碳排放的作用效果则相反,免费配额比例的增加更有利于碳减排,同时对云计算市场规模的影响逐渐拉开差距。特别地,当免费配额比例为 0.9（B4）,碳达峰时碳排放量相对最高,但随后以较快速度下降直至 2040 年达到碳中和。其云计算市场规模预计为 27925 亿元,增长量达到 2019 年的 20.9 倍。

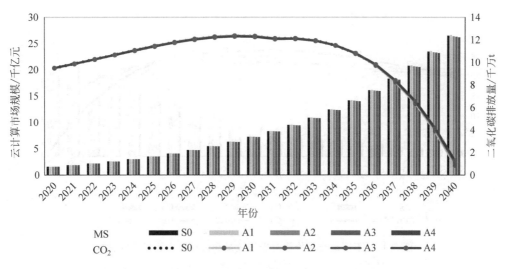

图 5.9 不同配额总量减少率对碳排放量和云计算市场规模的影响

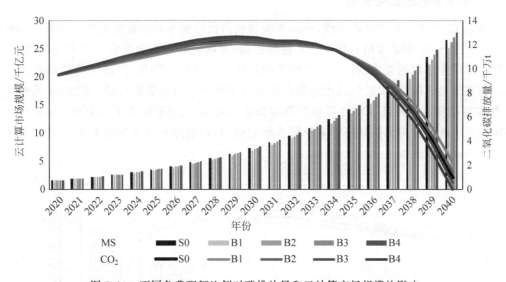

图 5.10 不同免费配额比例对碳排放量和云计算市场规模的影响

3. 碳交易价格

图 5.11 展示了云计算行业加入碳交易机制,不同碳交易价格对碳排放量和云计算市场规模的影响。Anylogic 平台的仿真结果表明,碳交易价格降低,云计算行业会更早实现碳达峰和碳中和,市场规模发展趋势也更好,但碳达峰时的碳排放量相对较高。例如碳价格为 20 元/吨(C1)和 60 元/吨(C4)时,碳达峰时碳排放量比 2019 年增加了 48.63%(2029 年)和 21.85%(2033 年),至 2040 年云计算市场规模分别增加了 19.87 倍和 15.56 倍。这表明碳交易价格使企业碳排放成本增加,为了平衡成本收益,企业会在一定程度上限制规模扩大以限制二氧化碳排放,因此也会对云计算市场规模造成一定的负面影响。值得注意的是,碳交易价格对云计算市场规模的影响差异很大。

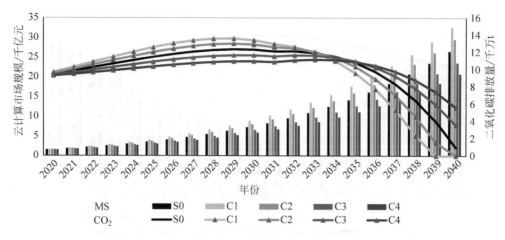

图 5.11 不同碳交易价格对碳排放量和云计算市场规模的影响

4. 零碳装机占比增长率

图 5.12 展示了技术革新方面,不同零碳装机占比增长率对碳排放量和云计算市场规模的影响。D1~D4 零碳装机占比增长率逐渐提高,意味着非化石能源消耗比重逐步增加,为数据中心供能来源的煤炭、石油、天然气等化石能源正在被太阳能、风能等清洁能源逐步取代。仿真结果表明,零碳装机占比的提高持续有效降低了行业碳排放量,例如 D4 策略连续 15 年保持碳排放量最低,但 D2 策略后期减碳速率较快,也更早实现了碳中和。这表明提高零碳能源消耗比重可为碳减排带来源源不断的动力,但有序推进能源结构调整才有利于云计算市场规模的增长。

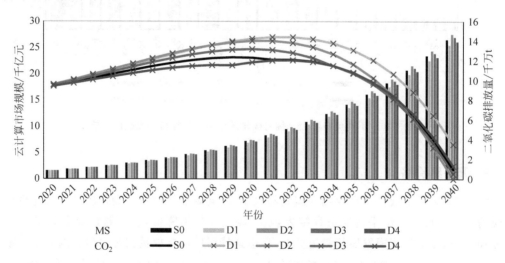

图 5.12 不同零碳装机占比增长率对碳排放量和云计算市场规模的影响

5. 负排放比例增长率

图 5.13 展示了不同负排放比例增长率对碳排放量和云计算市场规模的影响。仿真结

果表明,随着负排放比例的提高,碳排放量大幅削减,但同时也会对云计算市场规模产生一定的抑制作用。例如负排放比例增长率为 0.07(E4)比 0.03(E1)达峰时的二氧化碳排放量减少了 35.72%(2030 年),但 2040 年云计算市场规模缩减了 3.74%。这表明目前人类的生产生活离不开能源消耗,短时间内能源系统只依靠削减正排放很难做到完全脱碳,要实现能源系统的净零排放,负排放技术的抵消就应提上日程。由于负排放技术成本的增加,市场规模也会受到一定程度的负面影响。值得注意的是,负排放比例增长率对碳排放的影响明显大于其他因素,负碳技术对前期减排效果的影响非常关键。

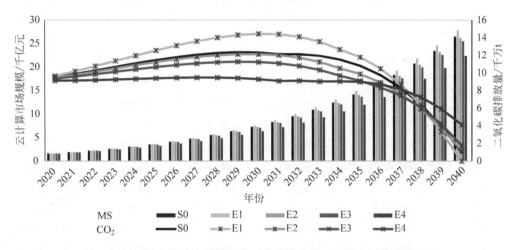

图 5.13 不同负排放比例增长率对碳排放量和云计算市场规模的影响

本节通过梳理碳排放权交易政策、碳减排技术和云计算行业之间的关联机制,研究了碳排放权交易 3 种指标和技术革新 2 种指标对碳排放量和云计算市场规模的影响,定性与定量分析相结合进行策略仿真模拟。根据仿真结果,得到以下结论。①加入碳排放权交易机制能够有效促进云计算行业碳减排,但同时会对云计算市场规模产生一定的负面影响。②配额总量对碳减排影响不大,提高免费配额比例、降低碳交易价格能够有效促进碳减排。③通过提高零碳装机占比和负排放比例等科技创新,能够大幅推动碳减排。行业的净零排放很大程度上依赖于负排放技术的革新。

5.3.2 基于数据包络分析的减排策略评价结果分析

通过云计算行业碳排放仿真模型的构建和情景分析,已初步得到各减排策略的效应。那么如何进一步综合考虑经济、环境等因素,评价各策略的综合效果并进行减排策略的选择呢?本节使用改进的 DEA 模型比较各策略对云计算行业碳减排的效率。

1. 数据来源说明

鉴于对未来碳排放政策和技术综合效应影响数据的不可获得性,本研究二级指标的数据均来源于 Anylogic 软件的模拟结果。将 2040 年的仿真数据作为 DEA 模型的输入,以此为例,各决策单元(DMU)的数据如表 5.6 所示。

表 5.6 DEA 模型各决策单元的数据(以 **2040** 年为例)

DMU	(I) K	(I) E	(I) T	(O) Y	(O) C
BAU	35552.0	20179.5	0.0	40549.5	49532.2
S0	18846.2	5917.4	52.9	26512.7	968.3
A1	18925.0	5846.1	47.1	26623.8	862.0
A2	18771.2	5984.9	58.4	26406.9	1068.9
A3	18699.6	6048.9	63.6	26306.0	1164.4
A4	18631.4	6109.7	68.5	26209.8	1254.9
B1	17852.6	6782.2	123.2	25111.4	2257.1
B2	18514.0	6213.7	77.0	26044.2	1409.8
B3	19179.3	5613.3	28.1	26982.5	515.1
B4	19847.6	4982.4	0.0	27925.2	0.0
C1	23182.8	1449.1	0.0	32629.3	0.0
C2	21001.8	3830.2	0.0	29553.0	0.0
C3	16756.7	7659.6	194.6	23565.7	3564.5
C4	14772.0	9027.0	305.9	20766.3	5602.1
D1	18122.9	6553.3	193.0	25492.7	3534.9
D2	19583.4	5235.1	0.0	27552.5	0.0
D3	19169.8	5622.0	28.8	26969.2	528.1
D4	18586.6	6149.5	71.8	26146.7	1314.1
E1	19796.3	5031.7	0.0	27852.9	0.0
E2	18616.4	6123.1	76.2	26188.6	1172.9
E3	18143.3	6535.8	113.0	25521.4	1738.7
E4	15919.3	8272.7	267.8	22384.6	4119.8

2. 效率评价与分析

SBM-Undesirable 模型构建完成后,本章评价了 2020—2040 年 22 种碳排放情景策略下云计算行业的综合效率值。调用 Python 软件的 NumPy 库、Pandas 库、pulp 包进行计算,输入为 2020—2040 年的仿真输出数据,包括 21 个决策单元的 3 个投入变量、1 个期望产出和 1 个非期望产出。由于 BAU 情景策略明显不符合"碳达峰、碳中和"方案的目标和路径,故不对其进行综合效率的评价,以减少对其他 DMU 效率的影响。测算得到 2020—2040 年各碳减排策略的综合效率值如表 5.7 所示。

3. 基于时间维度的分析

由表 5.7 的综合效率值可以看到,随着时间的推移,各策略效率值的总体趋势均越来越偏离 1.00,表明策略差异造成的影响逐渐变得显著。为了将策略作用的动态效果展现得更为明显,绘制折线图如图 5.14 所示。

表 5.7　2020—2040 年各碳减排策略的综合效率值

	2020	2021	2022	2023	2024	2025	2026	2027	2028	2029	2030	2031	2032	2033	2034	2035	2036	2037	2038	2039	2040	均值	排名
S0	0.99	0.98	0.98	0.97	0.96	0.95	0.94	0.93	0.92	0.90	0.89	0.87	0.84	0.81	0.77	0.71	0.64	0.52	0.25	0.01	0.02	0.7563	11
A1	0.99	0.98	0.98	0.97	0.96	0.95	0.94	0.93	0.92	0.90	0.89	0.87	0.85	0.81	0.77	0.72	0.64	0.52	0.30	0.01	0.02	0.7578	10
A2	0.99	0.98	0.98	0.97	0.96	0.95	0.94	0.93	0.92	0.90	0.89	0.87	0.84	0.81	0.77	0.71	0.63	0.51	0.29	0.01	0.02	0.7548	13
A3	0.99	0.98	0.98	0.97	0.96	0.95	0.94	0.93	0.91	0.90	0.88	0.87	0.84	0.81	0.76	0.71	0.63	0.51	0.29	0.01	0.01	0.7535	14
A4	0.99	0.98	0.98	0.97	0.96	0.95	0.94	0.93	0.91	0.90	0.88	0.87	0.84	0.80	0.76	0.71	0.63	0.50	0.28	0.01	0.01	0.7522	15
B1	0.99	0.98	0.97	0.96	0.95	0.94	0.93	0.91	0.90	0.88	0.87	0.85	0.81	0.78	0.73	0.67	0.59	0.46	0.25	0.01	0.01	0.7345	18
B2	0.99	0.98	0.97	0.97	0.96	0.95	0.94	0.92	0.91	0.90	0.88	0.86	0.83	0.80	0.76	0.70	0.62	0.50	0.28	0.01	0.01	0.7486	16
B3	0.99	0.98	0.98	0.97	0.96	0.95	0.94	0.93	0.92	0.91	0.89	0.88	0.85	0.82	0.78	0.73	0.66	0.54	0.31	0.01	0.03	0.7647	9
B4	0.99	0.99	0.98	0.98	0.97	0.96	0.95	0.94	0.93	0.92	0.91	0.90	0.87	0.85	0.81	0.77	0.70	0.58	0.35	0.01	0.86	**0.8206**	4
C1	1.00	1.00	1.00	1.00	1.00	1.00	1.00	1.00	1.00	1.00	1.00	1.00	1.00	1.00	1.00	1.00	1.00	1.00	1.00	1.00	1.00	**1.0000**	1
C2	1.00	0.99	0.99	0.98	0.98	0.97	0.97	0.96	0.96	0.95	0.94	0.93	0.91	0.90	0.87	0.83	0.78	0.68	0.46	0.02	0.91	**0.8563**	2
C3	0.99	0.98	0.96	0.95	0.94	0.93	0.91	0.90	0.88	0.86	0.84	0.82	0.79	0.74	0.69	0.63	0.54	0.41	0.21	0.00	0.00	0.7136	19
C4	0.98	0.97	0.95	0.94	0.92	0.91	0.89	0.87	0.85	0.83	0.81	0.78	0.74	0.69	0.63	0.56	0.47	0.34	0.17	0.00	0.00	0.6809	20
D1	0.97	0.94	0.92	0.90	0.87	0.85	0.83	0.80	0.78	0.75	0.73	0.70	0.68	0.65	0.61	0.56	0.49	0.39	0.20	0.00	0.00	0.6492	21
D2	0.98	0.96	0.95	0.93	0.91	0.90	0.88	0.86	0.84	0.82	0.80	0.78	0.77	0.75	0.73	0.69	0.63	0.53	0.32	0.01	0.84	0.7558	12
D3	0.99	0.97	0.96	0.95	0.94	0.92	0.91	0.89	0.88	0.86	0.84	0.82	0.81	0.80	0.78	0.73	0.66	0.54	0.31	0.01	0.03	0.7424	17
D4	1.00	0.99	0.99	0.99	0.99	0.98	0.98	0.97	0.96	0.96	0.91	0.86	0.83	0.80	0.76	0.70	0.62	0.50	0.28	0.01	0.01	0.7663	8
E1	1.00	1.00	1.00	1.00	1.00	1.00	1.00	1.00	1.00	1.00	1.00	1.00	1.00	0.75	0.73	0.69	0.62	0.52	0.31	0.01	0.85	**0.8327**	3
E2	0.99	0.98	0.97	0.96	0.95	0.94	0.93	0.92	0.91	0.90	0.89	0.87	0.87	0.85	0.83	0.77	0.69	0.56	0.31	0.01	0.01	0.7684	7
E3	0.99	0.99	0.98	0.98	0.97	0.97	0.96	0.96	0.95	0.95	0.94	0.93	0.92	0.91	0.88	0.82	0.72	0.55	0.30	0.01	0.01	0.7952	6
E4	1.00	1.00	1.00	1.00	1.00	1.00	1.00	1.00	1.00	1.00	1.00	1.00	0.96	0.91	0.83	0.73	0.60	0.44	0.22	0.00	0.00	0.7953	5

注：综合效率值高于 0.8 以粗体显示，低于 0.7 以斜体显示。

　　根据图 5.14,在模拟时期的不同阶段,各策略表现出的作用效果也有较大差异。因此,下文将根据策略减排效率年际变动幅度将其划分为 3 个阶段。

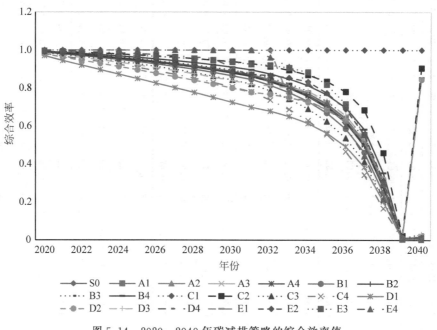

图 5.14　2020—2040 年碳减排策略的综合效率值

　　第一阶段为 2020—2031 年,各策略减排效率的年际变动幅度逐年加大,但总体差距较小。预测的评价结果显示,在碳交易政策和减排技术的综合作用下,云计算行业初期碳减排的效率较高,策略差异相对较小。21 种策略中,C1、E1、E4 3 种策略效率值始终保持为 1,均为 DEA 有效,说明决策单元在此阶段表现优异,没有冗余的投入和非期望产出;B4、C2、E3 3 种策略的效率值保持在 0.9~1.0,决策单元在此阶段表现良好,策略的实行也会对云计算行业碳减排起积极的促进作用;此阶段大部分策略效率值逐渐递减至 0.8~0.9;另有 3 种策略较快地跌至 0.8 以下,分别为 C4、D1、D2。

　　第二阶段为 2032—2038 年,策略效率值变化较大,变动幅度明显。各策略减排效率的年际变动幅度逐年加大,出现了从 0~1 分布的差距,表明政策和技术的作用效果将在此阶段逐步凸显。值得注意的是,C1 策略在此过程中持续保持有效,而在第一阶段表现优异的E1 和 E4 策略效率值开始降低,出现了冗余投入和多余非期望产出,或期望产出不足。此阶段,由于策略差异造成的实施效果差距不断加大,大部分决策单元的相对效率逐年向趋近0 的方向降低。

　　第三阶段为 2038 年后,部分策略效率出现突变。所有策略大致可分为两类,一类是由于行业二氧化碳净排放量在此阶段降至零,策略效率值显著提升,包括 B4、C1、C2、D2、E15 种策略;另一类因未达到净零排放,相对效率均下降至 0 左右。可见,不同于传统 CCR 模型基于径向视角测度效率问题,SBM-Undesirable 模型中非期望产出的影响较大,充分考虑了投入产出的松弛性问题。

4.基于策略维度的分析

除了根据减排效率年际变动幅度为依据划分,策略组中不同参数的变化也是典型特征之一。图 5.15 展示了不同参数组的碳减排策略综合效率值变化情况。

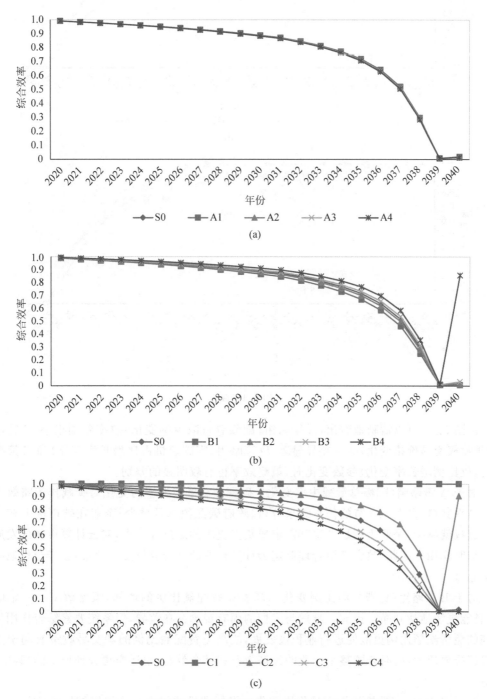

图 5.15　不同参数组的碳减排策略综合效率值变化情况

(a) 策略组 A；(b) 策略组 B；(c) 策略组 C；(d) 策略组 D；(e) 策略组 E

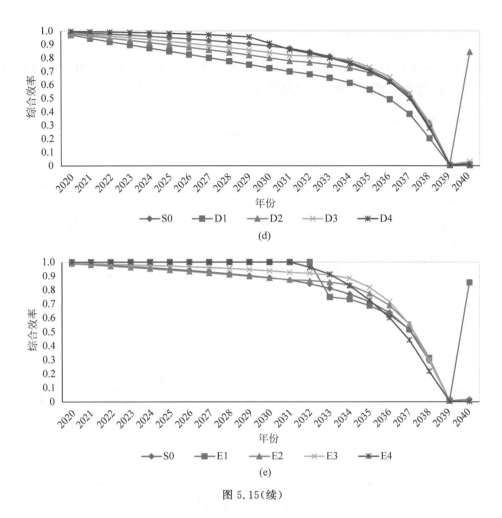

图 5.15（续）

由图 5.15 可以清晰地看出，A 策略组（配额总量减少率变化）效率差别很小，C 策略组（碳排放权交易价格变化）效率差异显著，D 策略组（零碳装机占比增长率变化）和 E 策略组（负排放比例增长率变化）参数变化时，策略效率也有较明显的差别。

对于 A 策略组（配额总量减少率变化），碳配额总量减少率的变化对碳减排策略效率的影响微乎其微，参考 4.5 节的仿真结果分析，政府碳配额总量越少，企业在碳市场上获得的碳排放权就越少，企业为满足其生产需求要负担更多的碳排放成本，对云计算市场的发展有一定抑制作用。因此，政府需要合理制定云计算行业的碳排放权交易政策，逐步合理地减少配额总量。

对于 B 策略组（免费配额比例变化），随着免费配额比例的增加，策略效率有一定的提高，且能更快地达到净零排放。虽然与人们的固有观念存在差异，但系统要素综合作用显示较高的免费配额比例更能促进行业积极发展，故高免费配额比例的碳交易政策有利于企业减轻碳排放压力，同时兼顾整个行业的经济效益和社会效益，也适应更大环境下的"碳中和"目标。

对于 C 策略组（碳排放权交易价格变化），降低碳排放权交易价格能够极大地促进策略效率提高，例如 C1 策略长时间保持碳减排有效，C1、C2 策略更早实现净零碳排放，且更有利于云计算行业市场规模的扩大。因此,云计算行业最好以较低的碳价加入碳交易政策,或鼓励政府为碳排放权交易市场创造较低碳价的包容环境,一方面可以从制度层面落实惠企措施,促使企业将更多资金投入技术进步和创新,另一方面也可以促进行业长期高效发展。

对于 D 策略组(零碳装机占比增长率变化),零碳装机占比的增加意味着清洁能源消耗占比增加,短期内能够促进行业减排效率提高,但并非是最早实现净零排放的策略。且正排放的削减力度有限,仅依靠调整能源结构、提升零碳能源比重,短时间内能源系统很难做到完全脱碳。因此,要合理布局光伏、风电、水电等清洁能源,加快构建清洁低碳安全高效的能源体系,为云计算行业供能提供稳定保障。

对于 E 策略组(负排放比例增长率变化),相对来说该组效率普遍较高,尤其是在实施前期减碳效果显著。这表明实现能源系统的净零排放,负排放技术的抵消作用不容小觑,故要充分重视碳汇,提前布局碳捕集、利用和封存等关键技术,加快技术研发示范和推广。

5. 结果总结

综合不同阶段和不同参数组的策略分析,可以得到以下结论。

(1) 减排策略差异的影响将逐渐变得显著。碳减排策略实施 10 年左右,综合效率缓慢拉开差距,2032—2038 年策略效率值变化较大、年际变动幅度明显;2039 年出现两极分化,策略实施效果进一步凸显。

(2) 相比之下,C 策略组(碳交易价格变化)、D 策略组(零碳装机占比增长率变化)和 E 策略组(负排放比例增长率变化)对减排综合效率的影响更为显著,而 A 策略组(碳配额总量减少率变化)和 B 策略组(免费配额比例变化)的影响有限。技术革新在碳减排中发挥着重要作用,碳交易政策中关键参数的设置也会对行业发展产生较大影响。

(3) C1、C2、E1 策略的综合效率值较高,且能够较早实现净零排放,会对云计算行业的发展起到积极的促进作用,应优先选择;C4、D1 策略的效率值较低,应谨慎选择。

在模型仿真与分析的基础上,本章综合经济、能源、技术和环境等因素,以数据中心投资额、能源消耗总量和负排放技术成本为投入指标,以云计算市场规模为期望产出、二氧化碳排放量为非期望产出,构建 SBM-Undesirable 模型评价各种策略的综合实施效果。通过对云计算行业碳减排的 22 种策略进行效率值测算和排名,基于减排效率年际变动幅度和不同参数组分析碳减排策略综合效率值的变化情况,帮助政府和云计算企业在"双碳"目标下合理部署发展路径。

5.4 "双碳"目标下碳排放权交易政策建议及管理策略

5.4.1 主要结论

本章首先分析云计算行业碳排放系统的内在运行机制,利用 Anylogic 软件构建了仿真模型,基于情景对碳排放权交易与技术革新相结合的碳减排策略进行分析;其次构建 SBM-Undesirable 模型,评价不同减碳策略对云计算行业发展的综合效率,量化策略效果。最后得出不同阶段和不同参数组的策略分析,主要结论如下。

(1) 仿真实验和评估实验的结果表明,云计算行业实施碳减排策略十分必要。如果云计算行业保持现状,预计到 2040 年其 CO_2 排放量将达到 5 亿吨。但若按照本研究的经典情景加入碳排放权交易政策并加强技术革新,碳排放量将于 2030 年达到 1.24 亿吨的峰值,随后急剧下降,峰值与基准情景相比下降了约 75.1%。

(2) 加入碳交易机制可以有效促进云计算行业碳减排,但会对市场规模产生一定的负面影响。具体来说,减排效果因政府制定碳排放权交易政策中关键参数的不同而有所差别。一个不同于直觉常识的有趣发现是,较高免费配额比例和较低碳交易价格的宽松性策略情景会使云计算行业在长期内取得更好的碳减排效果和投入产出效率。

(3) 通过增加零碳装机占比和负排放比例等碳减排技术革新,可以大大提升云计算行业的碳减排效果。行业的净零碳排放很大程度上取决于负排放技术的创新,策略实施前 10 年负排放技术的部署与创新尤为关键。

5.4.2   政策和管理启示

对于政府而言,第一,建议为云计算企业创造宽松的碳交易环境和强大的减排技术创新条件。具体而言,可以给予更高的配额总量、更高的初始免费配额比例和更低的碳交易价格,以便前期激励云计算企业加大技术创新投入,提升减排技术革新水平,如提高零碳装机比例、调整能源结构、推动负排放技术应用等。第二,实施行业碳减排策略要因时因地制宜,充分考虑各时期碳排放效率的差异,合理分解节能目标,严禁出现"一刀切"现象。第三,建议采取有效的 C1 策略,短期内也可将 C2、E1 策略作为备选,以对云计算行业的发展起积极的促进作用。

对于云计算企业而言,第一,碳减排投资应优先考虑负排放技术创新,实现减排效率的最大化。第二,云计算企业应加快风电、光伏、水电等新能源项目建设,推进碳捕集、利用和封存技术的应用。第三,云计算行业应考虑尽快加入碳排放权交易市场,以市场化手段促进自身绿色化转型和降碳增效,加大节能减排技术的研发力度,努力实现经济效益和环境保护的有机统一。

5.4.3   不足与未来展望

本章仍存在一定的研究局限性,今后主要从以下 3 个方向拓展:一是考虑将智能电网、储能的技术创新和进步纳入系统动力学模型,更贴近碳中和愿景的实现路径;二是考虑纳入碳税政策,完善碳排放政策体系的引入;三是挖掘行业中的现实难点,加大政策技术咨询,在实践中进一步完善和改进模型。

第6章

考虑"政企"双方博弈的绿证交易和电价补贴机制协同效应研究

第 6 和 7 章在前三章的基础上考虑了绿证交易和电价补贴政策这两类替代政策。第 6 章讨论了考虑"政企"双方博弈的绿证交易和电价补贴机制协同效应；第 7 章针对"政企网"三方博弈的绿证交易和电价补贴机制协同效应展开研究。

6.1 考虑"政企"双方博弈的绿证交易和电价补贴机制协同问题分析

6.1.1 研究背景

能源是人类文明进步的支柱之一。社会的发展对能源的需求和质量有着更高的要求，而由于传统能源本身固有的"不可再生"与"非环保"特性，太阳能等可再生能源（清洁能源）进入人们的视野。而太阳能发电的开发由于技术要求高、电力不稳定等一系列因素限制，光伏发电企业往往在初期开发、安装、销售等环节需要政府进行补贴以维持企业经营。因此以何种方式、何种时间、何种力度对光伏企业进行补贴是解决太阳能发电代替传统能源发电的重要环节。

1. 上网电价补贴制度及可再生能源配额制的设立

在 2015 年《巴黎协定》框架下，中国政府郑重承诺，2030 年中国的非化石能源占比要增长 20％，且中国单位 GDP 的二氧化碳排放，相比 2005 年要下降 60％～65％。在这种情况下，中国作为表率国家，应大力发展可再生能源，以减少 CO_2 排放。为鼓励可再生能源的发展，中国政府出台了一系列可再生能源补贴政策以促进可再生能源产业健康稳定发展，其中使用较为广泛的是固定电价（feed-in tariff，FIT）补贴制度和可再生能源配额制（renewable portfolio standard，RPS）。FIT 是指国家明确规定各类可再生能源的上网价格，当并网时电网公司必须按照指定价格向可再生能源发电企业支付，其价格一般高于传统能源上网电价。RPS 是指国家以法律的形式对可再生能源发电的市场份额做出强制性规定，所有发电厂发电时必须包含一定比例的可再生能源电力，传统发电企业为遵守这一强制性规定而向可再生能源发电企业购买绿色电力交易证书(TGC)。目前每单位 TGC 代表 1MW 可再生能源电量。这两种政策为国家完成减排目标作出了巨大贡献。

2. 光伏企业现状及政府窘状

随着国家补贴政策的落实实施,我国可再生能源发电行业稳定发展,技术持续更新,成本不断下降,装机容量大幅增长。据政府发布的《2018 年度全国可再生能源电力发展监测评价报告》,截至 2018 年年底,全国的可再生能源发电装机容量为 7.29 亿 kW,而光伏装机已达 1.75 亿 kW。由于中国政府 2017 年以前一直实施 FIT,超出平价上网电价部分由国家进行补贴,给政府造成了巨大的财政负担,截至 2017 年可再生能源补贴缺口已达 1100 亿元,其中光伏补贴缺口达 400 亿元。由于补贴不能即时到达导致出现大量"弃光""弃电"现象及无法并网问题。为解决补贴资金问题,助力电力市场化改革,国家发展和改革委员会在 2017 年发布了《关于试行可再生能源绿色电力证书核发及自愿认购交易制度的通知》,建立可再生能源绿色电力证书自愿认购体系,即绿色电力证书交易体系,试行可再生能源绿色电力证书的核发工作,并于 2017 年 7 月 1 日正式开展绿色电力证书认购工作。2019 年 5 月,国家发展和改革委员会等发布了《关于建立健全可再生能源电力消纳保障机制的通知》,促使可再生能源消纳。随着可再生能源配额制(RPS)的不断实施,可再生能源发电企业获得的补贴将来源于绿色电力证书的出售,FIT 将随着我国电力市场的发展逐渐消失,最终使可再生能源与传统能源同时平价上网,完成可再生能源补贴制度的平稳转变。

6.1.2　研究意义

1. 理论意义

本研究综合运用演化博弈论(EGT)、系统动力学(SD)模型等,分析了我国目前光伏发电企业的补贴情况,抓住补贴机制配合设计这一创新点进行分析,将演化博弈论与系统动力学模型相结合,综合分析补贴制度的效果,扩展了系统动力学模型与演化博弈论的组合运用。

2. 现实意义

通过系统动力学模型,从宏观层面反映现有补贴制度的效果。并通过敏感性分析,研究各种补贴策略、博弈方初始状态比例对企业、社会福利、绿证市场的影响,进而提出较优的补贴政策组合,为国家及政府制定补贴政策提供一定的理论支持。

6.1.3　问题分析

根据博弈的双方环境,政策背景为 FIT 向 RPS 的演变时期。基于演化博弈论,以政府和光伏企业采用各策略的比例(实施 FIT/RPS、接受 FIT/交易 TGC 的比例)为研究对象,分析各种情况下博弈双方的行为效果。

在 FIT 和 RPS 制度并行的政策环境下,TGC 交易价格由市场决定,交易 TGC 的光伏企业发电量平价上网,剩余部分按补贴后价格上网。政府中决定实施 RPS 的主体不需要对光伏企业进行补贴。至于火电企业,由于其有自身技术基础等原因,在交易市场中为体现其社会责任,必须进行绿证交易,完成规定的配额,以使绿证市场平稳运行。

博弈双方均为有限理性博弈群体,并以利润最大化为决策目标。当群体中某个体采用某种策略时,其他个体会在群体中不断模仿这种策略,并成为一种惯性,一直执行下去。故最终演化的结果为,政府或光伏企业统一接受一种策略,不会出现产生分歧的情况。

前期我们已对博弈双方的决策进行分析,得出了博弈双方各种情况下的收益结果。但本研究还关注了社会福利、绿证交易的发展情况,依据简单的静态博弈分析,很难研究不同参数情况下社会福利、绿证交易量等变量的变化情况,也无法进行横向对比分析,故需要寻求一种新的方法弥补博弈的不足。系统动力学在研究变量关系、宏观经济方面是一种高效的方法,其可视化的变化图表可以观察随时间变化的目标演化情况。在这种情况下,本研究选择将系统动力学模型与博弈模型相结合,通过系统动力学分析不同参数变化情况下社会福利、绿证交易量的发展情况,为国家制定政策提供理论依据。

6.2 考虑"政企"双方博弈的绿证交易和电价补贴机制协同模型的建立

6.2.1 演化博弈论

演化博弈论是以达尔文生物进化论为基础,从个体的有限理性假设出发,以群体行为为研究对象,将博弈论分析与动态演化过程分析相结合的一种理论分析方法。与传统博弈论的不同点在于,演化博弈论不要求参与者是完全理性的,并认为博弈方在有限理性的约束下通过反复博弈逐渐找到最优的均衡点,各参与主体的最佳策略就是模仿和改进过去自己和别人的最有利战略。即在具有一定规模的博弈群体中,各参与主体通常通过试错的方式反复进行博弈,最终达到博弈均衡状态。其不仅单独刻画了每个个体的行为及其与群体之间的关系,而且将从个体行为到群体行为的形成机制及其中涉及的各种因素都纳入模型,从而构成一个具有微观基础的宏观模型。在经济学方面,很多国外学者在研究社会现象时都运用了演化博弈论,如社会习俗演化、行业发展趋势、社会制度形成等层面,并获得了极大的成功。

1. 演化稳定策略

演化稳定策略是演化博弈的关键理论之一,从生物学中引申而来。Smith Maynard 和 Price 提出演化稳定策略的思想,即能够以合理定义的博弈的纳什均衡描述演化稳定性策略。在生物学中演化博弈论研究生物进化中稳定、向稳定动态调整、演进和收敛的过程;在经济学中演化博弈论主要研究人类个体经济行为中策略选择的动态平衡,包括向均衡形态发展、收敛的基本原理。从某种程度上说,两者的均衡过程有相同之处。在博弈过程中,博弈双方由于有限理性,博弈方不可能一开始就找到最优策略及最优均衡点。于是,博弈方在博弈过程中需要不断进行学习,出现策略失误会逐渐改正,并不断模仿过去自己和别人的最有利策略。经过一段时间的模仿和改错,所有博弈方都会趋于某种稳定的策略。

演化稳定策略的基本假定如下。

(1) 博弈方是从数量巨多的参与主体中随机选择的。

(2) 外部环境中的各种因素影响博弈方间的互动方式。

(3) 每个博弈方是非"完全理性"的,其对认识有局限性,而且也不是"完全非理性",他们会通过总结反思得出经验以指导自己的下一次行动,下一次行动又会形成经验指导接下来的行动,如此反复,推进自己目标的达成。

2. 复制动态方程

ESS 并没有反映明显的动态关系,但由生物学的演化特点引入了"复制动态"的概念。Taylor 和 Jonker 最早提出了复制动态方程的概念,其基本原理是:在某时点上,某种群中各不同的群体准备各自采取某策略进行博弈,每个群体都是有限理性的,可以动态调整自己的选择策略,而且可以优先采用收益高于平均水平的策略,那么群体使用这种策略的种群比例会发生变化。

6.2.2　演化博弈模型

1. 符号及假设条件

FIT 与 RPS 的并行实施,会对政府、光伏企业产生巨大的影响,现模型的假设条件如下。

(1) 本研究假设博弈双方为政府和光伏企业,火电企业不参与博弈,完全接受 TGC 交易。

(2) 在 FIT 中,可将政府对可再生能源的电价补贴理解为可再生能源标杆电价与平价的差值。

(3) 光伏企业是绿色电力证书的唯一供应商,而火电企业是唯一的购买者。

(4) 假设光伏企业采取某种策略的比例与发电量挂钩,即采取某种策略的比例也是采取这种策略的光伏企业发电量占博弈群体发电量的比例。

(5) 政府的固定电价补贴不存在时间延迟,即光伏企业可以及时获得补贴。

基于上述假设及对实际情况的分析,对模型中的变量进行说明,如表 6.1 所示。

表 6.1　变量说明

变　　量	符 号 解 释
α	政府选择实施 RPS 的概率
β	光伏企业选择进行绿证交易的比例

续表

变　　量	符 号 解 释
$G_i(i=1,2,3,4)$	政府在 4 种策略中各自的收益
$R_j(j=1,2,3,4)$	光伏企业在 4 种策略中各自的收益
$E(G)$	政府在 4 种策略下的平均收益
$E(R)$	光伏企业在 4 种策略下的平均收益
$E(R)_\beta$	光伏企业进行绿证交易的收益
$E(G)_\alpha$	政府实施 RPS 的收益
P_c	绿电单位发电成本
P_{TGC}	绿证交易价格
P_f	平价上网电价
Q	绿电发电量
π	税收比率
P_{sub}	政府固定电价补贴
$D_y(y=1,2)$	政府采取不同策略时,光伏企业额外的社会效应收益
$U_x(x=1,2)$	光伏企业采取不同策略时,政府额外的社会效应收益

2. 模型构建

政府与光伏企业的收益与自身和对方的策略紧密相关,故建立如下两者的博弈支付矩阵,如表 6.2 所示。

表 6.2　博弈支付矩阵

支 付 矩 阵		政　　府	
		$G(\alpha)$	$G(1-\alpha)$
光伏企业	$R(\beta)$	(R_1,G_1)	(R_2,G_2)
	$R(1-\beta)$	(R_3,G_3)	(R_4,G_4)

通过对博弈双方的分析及对文献的参考,光伏企业各策略下的收益情况为

$$R_1 = [(1-\pi)(P_{TGC}+P_f)-P_c]Q+D_1 \tag{6-1}$$

$$R_2 = [(1-\pi)P_f-P_c]Q-D_1 \tag{6-2}$$

$$R_3 = [(1-\pi)P_f-P_c]Q-D_2 \tag{6-3}$$

$$R_4 = [(1-\pi)(P_{sub}+P_f)-P_c]Q+D_2 \tag{6-4}$$

政府各策略下的收益情况为

$$G_1 = (P_{TGC}+P_f)\pi Q+U_1 \tag{6-5}$$

$$G_2 = P_f\pi Q-U_2 \tag{6-6}$$

$$G_3 = P_f \pi Q - U_1 \tag{6-7}$$

$$G_4 = P_{sub}(\pi - 1)Q + P_f \pi Q + U_2 \tag{6-8}$$

政府的收益主要为税收和社会效应受益,光伏企业的收益主要为电力、补贴、绿证等。

6.2.3 系统动力学模型的构建

1. 因果回路分析

基于假设条件,我们构建了如图 6.1 所示的因果回路图。

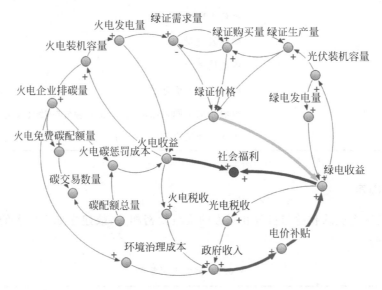

图 6.1   绿证交易与固定电价补贴交互的因果回路图

因果回路图中包括政府、火电企业、光伏企业 3 个主体,三者主要通过绿证交易、固定电价补贴进行联系。

2. 存量流量图

在因果回路图的基础上,为具体刻画博弈过程中火电企业、光伏企业、政府的行为,并深入研究各参数变化对博弈双方演化情况、绿证交易量、社会福利的影响,建立绿证交易与固定电价补贴交互的存量流量图,如图 6.2 所示。

研究社会福利、政府与光伏企业的策略演化,仅有线路的连接无法输出具体的图像,也无法完成对博弈的验证,需要对存量流量图中各变量的关系进行验证,通过参考文献、国家统计年鉴、报刊等资料,通过一些关系拟合,得到了如表 6.3 所示的动力学方程。

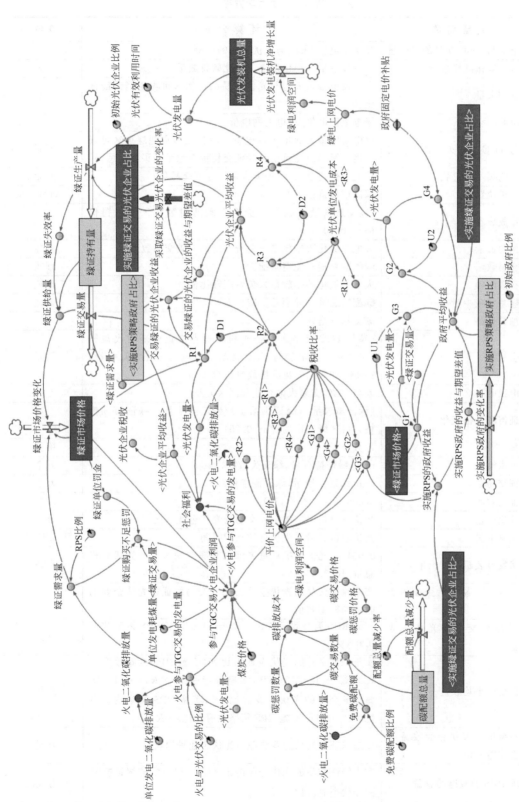

图 6.2 绿证交易与固定电价补贴交互的存量流量图

表 6.3　动力学方程

变 量 名 称	计 算 公 式	单位
火电参与 TGC 交易的发电量	光伏发电量/火电与光伏交易的比例	万 kW·h
火电二氧化碳排放量	火电发电量×单位发电二氧化碳排放量	万吨
绿证需求量	火电发电量×火电与光伏交易的比例×可再生能源配额比例	万个
绿电利润空间	绿电上网电价/火电上网电价	—
参与 TGC 交易火电企业利润	火电发电量×火电上网电价−单位发多点耗煤量×煤炭价格−绿证市场价格×绿证交易量−绿证购买不足惩罚	万元
绿证购买不足惩罚	绿证单位罚金×(绿证需求量−绿证交易量)	万元
绿证单位罚金	绿证市场价格×2	元/(kW·h)
碳排放成本	(碳交易数量×碳交易价格＋碳惩罚数量×碳惩罚价格)/10000	万元
碳惩罚数量	火电二氧化碳排放量−免费碳配额−碳交易数量	万吨
碳交易数量	碳配额总量−免费碳配额	万吨
免费碳配额	火电二氧化碳排放量×免费配额比例	万吨
配额总量减少量	碳配额总量×配额总量减少率	万吨
碳惩罚价格	碳交易价格×2	元
社会福利	(参与 TGC 交易火电企业利润＋光伏企业平均收益＋0.5×pow(火电参与 TGC 交易的发电量＋光伏发电量,2)＋0.82×二氧化碳排放量))/10000	亿元
火电税收	参与 TGC 交易火电企业利润×0.25	万元
绿证市场价格变化	(绿证需求量−绿证供给量)/绿证需求量×绿证市场价格×(1−绿证市场价格/0.25)	元
变量	计算公式	单位
绿证供给量	max(绿证持有量,绿证失效率)	万个
绿证交易量	min(绿证供给量,绿证需求量)	万个
绿证失效率	delay(绿证生产量,12)	万个
绿证生产量	光伏发电量×实施绿证交易的光伏企业占比	万个
光伏发电量	光伏装机总量×光伏有效利用时间	万 kW·h
光伏发电装机净增长量	0.0045×光伏装机总量×绿电利润空间×(1−光伏装机总量/105388)	万 kW
采取绿证交易光伏企业的变化率	实施绿证交易的光伏企业占比×交易绿证的光伏企业的收益与期望差值	—
交易绿证交易的光伏企业收益	实施 RPS 策略政府占比×R_1＋(1−实施 RPS 策略政府占比)×R_2	万元
光伏企业平均收益	实施绿证交易的光伏企业占比×(实施 RPS 策略政府占比×R_1＋(1−实施 RPS 策略政府占比)×R_2)＋(1−实施绿证交易的光伏企业占比)×(实施 RPS 策略政府占比×R_3＋(1−实施 RPS 策略政府占比)×R_4)	万元
交易绿证的光伏企业收益与期望收益差值	交易绿证的光伏企业收益−光伏企业平均收益	万元
实施 RPS 的政府的收益	实施绿证交易的光伏企业占比×G_1＋(1−实施绿证交易的光伏企业占比)×G_3	万元

续表

变 量 名 称	计 算 公 式	单位
政府平均收益	实施 RPS 策略政府占比×(实施绿证交易的光伏企业占比×G_1+(1−实施绿证交易的光伏企业占比)×G_3)+(1−实施 RPS 策略政府占比)×(实施绿证交易的光伏企业占比×G_2+(1−实施绿证交易的光伏企业占比)×G_4)	万元
实施 RPS 政府的收益与期望差值	实施 RPS 的政府收益−政府平均收益	万元
实施 RPS 政府的变化率	实施 RPS 政府的收益与期望差值×实施 RPS 策略政府占比	—

此外,$G_1 \sim G_4$,$R_1 \sim R_4$ 等变量,是政府与光伏企业在各策略下的收益,与前文演化博弈模型中的计算公式相同。在 SD 方法模型中,状态变量主要包括装机容量、绿证价格、实施各种策略的占比、绿证持有量等。动态变量包括火电企业利润、绿证交易量、政府平均收益、碳排放成本等。外生参数包括可再生能源配额比例、政府固定电价补贴、有效利用时间等。SD 模型中的变量及其缩写如表 6.4 所示。

表 6.4　SD 模型中的变量及其缩写

变 量 名 称	缩　写	变 量 含 义
Trading TGCs	TT	绿色电力证书交易
Power generation	PG	发电量
Conventional firms	CF	传统企业
PV firms	PF	光伏企业
Green electricity	GE	绿色电力
Per unit power generation	PUPG	每单位发电量
Governments that implement RPS	GIR	实施可再生能源配额制的政府
Government	GOV	政府
Conventional firms that trade TGCs	CFTT	交易绿色电力证书的传统企业
PV firms that trade TGCs	PTT	交易绿色电力证书的光伏企业
PV firms that receive cash subsidies	PRS	获得现金补贴的光伏企业
Governments that implement FIT	GIF	实施上网电价补贴政策的政府

6.3　考虑"政企"双方博弈的绿证交易和电价补贴机制协同模型分析

6.3.1　政府与光伏企业演化稳定性

博弈双方的复制动态方程是指博弈方采取某一策略比例的变化速率,这一变化率与博弈方采取某一策略的比例成正比,也与博弈方采取该类博弈策略的收益与博弈群体平均收益的差值成正比。

1. 政府复制动态方程

根据博弈矩阵及收益公式,我们得出政府实施 RPS 的情况下,该类博弈所得的收益为

$$E(G)_\alpha = \beta G_1 + (1-\beta)G_3 = P_f \pi Q + \beta \pi P_{TGC} Q + U_1 \tag{6-9}$$

继而得出了政府群体的整体平均收益为

$$\begin{aligned}
E(G) &= \alpha[\beta G_1 + (1-\beta)G_3] + (1-\alpha)[\beta G_2 + (1-\beta)G_4] \\
&= [\pi P_f + \alpha \beta \pi P_{TGC} + (1-\alpha)(1-\beta)(\pi-1)P_{sub}]Q + \\
&\quad \alpha U_1 + (1-\alpha)U_2
\end{aligned} \tag{6-10}$$

根据式(6-9)、式(6-10),我们得出了政府的复制动态方程:

$$\begin{aligned}
\frac{d\alpha}{dt} &= \alpha[E(G)_\alpha - E(G)] = \alpha(1-\alpha)[\beta \pi P_{TGC}Q - (1-\beta)(\pi-1)P_{sub}Q + \\
&\quad 2\beta(U_1+U_2) - U_1 - U_2]
\end{aligned} \tag{6-11}$$

2. 光伏企业复制动态方程

与政府相似,我们对光伏企业进行收益计算,得到其采取绿色电力证书交易下的收益为

$$E(R)_\beta = \alpha R_1 + (1-\alpha)R_2 = (1-\pi)P_f Q + \alpha(1-\pi)P_{TGC}Q - P_c Q + D_1 \tag{6-12}$$

光伏企业群体的平均收益为

$$\begin{aligned}
E(R) &= [(1-\pi)P_f - P_c + \alpha\beta(1-\pi)P_{TGC} + \\
&\quad (1-\alpha)(1-\beta)(1-\pi)P_{sub}]Q + \beta D_1 + (1-\beta)D_2
\end{aligned} \tag{6-13}$$

根据式(6-12)、式(6-13),得到光伏企业复制动态方程:

$$\begin{aligned}
\frac{d\beta}{dt} &= \beta[E(R)_\beta - E(R)] = \beta(1-\beta)[\alpha(1-\pi)P_{TGC}Q - (1-\alpha)(1-\pi)P_{sub}Q + \\
&\quad 2\alpha(D_1+D_2) - D_1 - D_2]
\end{aligned} \tag{6-14}$$

3. 单一策略稳定性

对于单一策略稳定情况,令其复制动态方程等于 0,其一阶导数小于 0,即可找到稳定的均衡点。

1) 针对政府

令 $d\alpha/dt = 0$,求解可得

$$\alpha_1 = 0, \quad \alpha_2 = 1, \quad \beta^* = \frac{U_2 + U_1 + (\pi-1)P_{sub}Q}{\pi Q(P_{TGC} + P_{sub}) - P_{sub}Q + 2(U_1+U_2)}$$

据结果可知,当 $\beta^* = \dfrac{U_2 + U_1 + (\pi-1)P_{sub}Q}{\pi Q(P_{TGC} + P_{sub}) - P_{sub}Q + 2(U_1+U_2)}$ 时,$d\alpha/dt = 0$,$(d\alpha/dt)' = 0$,此时政府的策略是稳定的,固定电价补贴和绿证价格不会影响政府的选择策略,即不会影响政府是否实施 RPS 政策,如图 6.3 所示。

当且仅当 $\beta^* \in (0,1)$,且绿证的价格 P_{TGC} 以 $\dfrac{U_1 + U_2 - 2\beta(U_1+U_2) + (1-\beta^*)(\pi-1)P_{sub}Q}{\beta^* \pi Q}$

图 6.3　政府策略趋于稳定

为界限。当 $\beta^* > \dfrac{U_2 + U_1 + (\pi - 1)P_{sub}Q}{\pi Q(P_{TGC} + P_{sub}) - P_{sub}Q + 2(U_1 + U_2)}$ 时，$d\alpha/dt$ 在 1 处的一阶导数小于 0，政府选择实施 RPS 的策略比例将会逐渐趋近 1，如图 6.4 所示。当 $\beta^* < \dfrac{U_2 + U_1 + (\pi - 1)P_{sub}Q}{\pi Q(P_{TGC} + P_{sub}) - P_{sub}Q + 2(U_1 + U_2)}$ 时，$d\alpha/dt$ 在 0 处的一阶导数小于 0，即政府选择实施 RPS 的策略比例将会逐渐趋近 0，如图 6.5 所示。

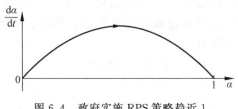

图 6.4　政府实施 RPS 策略趋近 1

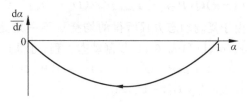

图 6.5　政府实施 RPS 策略趋近 0

2）针对光伏企业

令 $d\beta/dt = 0$，求解可得，$\beta_1 = 0$，$\beta_2 = 1$，$\alpha^* = \dfrac{D_2 + D_1 + (1 - \pi)P_{sub}Q}{(1 - \pi)Q(P_{TGC} + P_{sub}) + 2(D_1 + D_2)}$。同政府相似，据求解结果可知，当 $\alpha^* = \dfrac{D_2 + D_1 + (1 - \pi)P_{sub}Q}{(1 - \pi)Q(P_{TGC} + P_{sub}) + 2(D_1 + D_2)}$ 时，固定电价补贴和绿证的价格不会影响光伏企业的选择策略，即不会影响光伏企业选择实施绿证交易或选择接受国家固定电价补贴，如图 6.6 所示。当且仅当 $\alpha^* \in (0,1)$ 且当绿证的价格 P_{TGC} 以 $\dfrac{D_1 + D_2 - 2\alpha(D_1 + D_2) + (1 - \alpha)(1 - \pi)P_{sub}Q}{\alpha(1 - \pi)Q}$ 为界限，当 $\alpha^* > \dfrac{D_2 + D_1 + (1 - \pi)P_{sub}Q}{(1 - \pi)Q(P_{TGC} + P_{sub}) + 2(D_1 + D_2)}$ 时，$d\beta/dt$ 在 1 处的一阶导数小于 0，光伏企业选择进行 TGC 交易的策略比例会逐渐趋近 1，如图 6.7 所示。当 $\alpha^* < \dfrac{D_2 + D_1 + (1 - \pi)P_{sub}Q}{(1 - \pi)Q(P_{TGC} + P_{sub}) + 2(D_1 + D_2)}$ 时，$d\beta/dt$ 在 0 处的一阶导数小于 0，光伏企业选择进行绿证交易的策略比例会逐渐趋近 0，如图 6.8 所示。

图 6.6　光伏企业策略趋于稳定

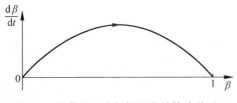

图 6.7　光伏企业进行绿证交易策略趋近 1

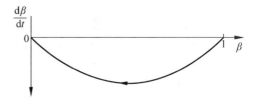

图 6.8　光伏企业进行绿证交易策略趋近 0

3）混合策略稳定性

考虑政府和光伏企业演化为一个动态系统,根据演化博弈的原理,当复制动态方程等于零即学习的速度等于零时,演化达到局部均衡状态。根据政府和光伏企业的复制动态方程,可得到 5 个局部均衡点,分别为 $E_1(0,0)$,$E_2(0,1)$,$E_3(1,0)$,$E_4(1,1)$,$E_5(\alpha^*,\beta^*)$ $\Big(\alpha^* =$

$$\frac{D_2+D_1+(1-\pi)P_{\mathrm{sub}}Q}{(1-\pi)Q(P_{\mathrm{TGC}}+P_{\mathrm{sub}})+2(D_1+D_2)},\quad \beta^* = \frac{U_2+U_1+(\pi-1)P_{\mathrm{sub}}Q}{\pi Q(P_{\mathrm{TGC}}+P_{\mathrm{sub}})-P_{\mathrm{sub}}Q+2(U_1+U_2)}\Big)。$$

由于复制动态方程所得的均衡点不一定是稳定点,需要通过雅可比矩阵进行判断。根据式(6-11)和式(6-14)复制动态方程,可得其雅可比矩阵为

$$\begin{bmatrix} (1-2\alpha)[\beta\pi P_{\mathrm{TGC}}Q-(1-\beta)(\pi-1)P_{\mathrm{sub}}Q+ & \alpha(1-\alpha)[\pi(P_{\mathrm{TGC}}+P_{\mathrm{sub}})Q-P_{\mathrm{sub}}Q+ \\ 2\beta(U_1+U_2)-U_1-U_2] & 2(U_1+U_2)] \\ \beta(1-\beta)[(1-\pi)(P_{\mathrm{TGC}}+P_{\mathrm{sub}})Q+2(D_1+ & (1-2\beta)[\alpha(1-\pi)P_{\mathrm{TGC}}Q-(1-\alpha)(1-\pi)P_{\mathrm{sub}}Q+ \\ D_2)] & 2\alpha(D_1+D_2)-D_1-D_2] \end{bmatrix}$$

在雅可比矩阵中,当矩阵的行列式大于 0、迹小于 0 时,均衡点是稳定的点;当矩阵的行列式大于 0、迹大于 0 时,均衡点为不稳定的点;当矩阵的行列式小于 0 时,均衡点为鞍点。根据雅可比矩阵,得到各均衡点在雅可比矩阵中的行列式和迹,如表 6.5 所示。

表 6.5　均衡点的雅可比矩阵行列式

均　衡　点	行　列　式	迹
$E_1(0,0)$	$(D_1+D_2+(1-\pi)P_{\mathrm{sub}}Q)[U_1+U_2+(\pi-1)P_{\mathrm{sub}}Q]$	$-D_1-D_2-U_1-U_2$
$E_2(0,1)$	$(U_1+U_2+\pi P_{\mathrm{TGC}}Q)[D_1+D_2+(1-\pi)P_{\mathrm{sub}}Q]$	$D_2+D_1+U_1+U_2-(\pi-1)P_{\mathrm{sub}}Q+\pi P_{\mathrm{TGC}}Q$
$E_3(1,0)$	$(U_1+U_2+(\pi-1)P_{\mathrm{sub}}Q)[D_1+D_2-(\pi-1)P_{\mathrm{sub}}Q+(1-\pi)P_{\mathrm{TGC}}Q]$	$D_1+D_2+U_1+U_2+2(\pi-1)P_{\mathrm{sub}}Q-(\pi-1)P_{\mathrm{TGC}}Q$
$E_4(1,1)$	$(U_1-U_2+\pi P_{\mathrm{TGC}}Q)[D_1+D_2+(\pi-1)P_{\mathrm{sub}}Q+(1-\pi)P_{\mathrm{TGC}}Q]$	$-D_2-D_1-U_1-U_2-(\pi-1)P_{\mathrm{sub}}Q-P_{\mathrm{TGC}}Q$
$E_5(\alpha^*,\beta^*)$	$\neq0$	O

为便于分析,不代入博弈双方收益,可得如表 6.6 简化的均衡点的行列式和迹。

表 6.6　简化的雅可比矩阵行列式

均　衡　点	行　列　式	迹
$E_1(0,0)$	$(G_3-G_4)(R_2-R_4)$	$(G_3-G_4)+(R_2-R_4)$

均　衡　点	行　列　式	迹
$E_2(0,1)$	$-(G_1-G_2)(R_2-R_4)$	$(G_1-G_2)-(R_2-R_4)$
$E_3(1,0)$	$-(G_3-G_4)(R_1-R_3)$	$(G_4-G_3)+(R_1-R_3)$
$E_4(1,1)$	$(G_1-G_2)(R_1-R_3)$	$-(G_1-G_2)-(R_1-R_3)$
$E_5(\alpha^*,\beta^*)$	$\dfrac{-[(G_1-G_2)(G_3-G_4)(R_1-R_3)(R_2-R_4)]}{(G_1-G_2-G_3+G_4)(R_1-R_2-R_3+R_4)}$	O

从表 6.6 中可知,雅可比矩阵的行列式由收益差值的符号决定,根据前文收益公式,可得 $R_1-R_3=(1-\pi)P_{TGC}Q+D_1+D_2$ 大于 0, $R_2-R_4=-(1-\pi)P_{sub}Q-D_1-D_2$ 小于 0, $G_1-G_2=P_{TGC}+U_1+U_2$ 大于 0, $G_3-G_4=(1-\pi)P_{sub}Q-U_1-U_2$ 不确定。

根据雅可比矩阵,可分为以下两种情况,如表 6.7 所示。

表 6.7　局部均衡点稳定性

条　　件	均　衡　点	行列式符号	迹符号	均衡点类型
$G_3-G_4>0$	$E_1(0,0)$	$-$	$-$	鞍点
	$E_2(0,1)$	$+$	$+$	不稳定点
	$E_3(1,0)$	$+$	$-/+$	鞍点
	$E_4(1,1)$	$+$	$-$	稳定点
	$E_5(\alpha^*,\beta^*)$	0	0	鞍点
$G_3-G_4<0$	$E_1(0,0)$	$+$	$-$	稳定点
	$E_2(0,1)$	$+$	$+$	不稳定点
	$E_3(1,0)$	$+$	$+$	不稳定点
	$E_4(1,1)$	$+$	$-$	稳定点
	$E_5(\alpha^*,\beta^*)$	$-$	0	鞍点

从表 6.7 中可以得到,当 $G_3-G_4>0$,即光伏企业选择接受固定电价补贴的情况下,政府实施 RPS 的收益高于实施电价补贴的收益时,此时稳定均衡点为 $E_4(1,1)$ 点,此时政府与光伏企业的动态演化过程如图 6.9 所示,最终演化结果为{实施 RPS,进行绿证交易}。表明在这种情况下,无论政府和企业的初始情况如何,在博弈演化的过程中,最终的演化均朝着国家的目标进行,即政府实施 RPS,光伏企业进行绿证交易。

当 $G_3-G_4<0$ 即光伏企业不进行绿证交易的情况下,政府实施 RPS 的收益低于实施电价补贴的收益时,存在两个稳定均衡点,分别为 $E_1(0,0)$ 和 $E_4(1,1)$,政府与光伏企业的动态演化过程如图 6.10 所示。最终演化为两个结果,分别为{实施固定电价补贴,接受固定电价补贴}、{实施 RPS,进行 TGC 交易}。

在 $G_3-G_4<0$ 的情境下,当初始双方选择策略的概率处于 $E_5(\alpha^*,\beta^*)$ 左下方,即 $E_5E_2E_1E_3$ 区域时,此时双方演化的最终情况为{实施固定电价补贴,接受固定电价补贴},而当初始双方选择策略的概率处于 $E_5(\alpha^*,\beta^*)$ 右上方即 $E_5E_3E_4E_2$ 区域时,双方演化的最终情况为{实施 RPS,进行 TGC 交易}。而根据我国现行政策,最终国家目标为{实施 RPS,进行 TGC 交易},因此为实现这个目标,必须使初始策略点尽可能落在 $E_5(\alpha^*,\beta^*)$ 右上方,才能实现这一目标,即必须使 $E_5(\alpha^*,\beta^*)$ 右上方 $E_5E_3E_4E_2$ 区域的面积尽可能最大。

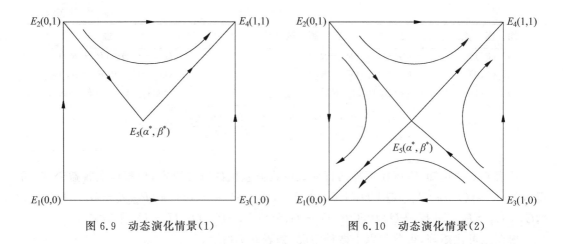

图 6.9　动态演化情景(1)　　　　　图 6.10　动态演化情景(2)

4) MATLAB 仿真验证

根据前期收集的数据,对两种混合策略下的情况进行仿真验证。根据参考文献和国家统计局的数据资料,我们设定绿证的价格为 0.22 元/(kW·h),补贴的初始价格为 0.17 元/(kW·h)。绿证的交易量为 105388 万个。

为使图像清楚,我们选择 5 个代表初始状态点:(0.1,0.1),(0.3,0.3),(0.5,0.5),(0.7,0.7),(0.9,0.9)。通过 MATLAB 仿真发现,无论 α、β 的初值是多少(图 6.9),最终都会演化为 $E_4(1,1)$ 的情况,符合图 6.7 的演化结果。

为使图像清楚,我们继续选择 5 个代表初始状态点:(0.1,0.1),(0.3,0.3),(0.5,0.5),(0.7,0.7),(0.9,0.9)。通过 MATLAB 仿真(如图 6.11 所示)发现,当 $\alpha\in(\alpha^*,1)$,$\beta\in(\beta^*,1)$ 时,双方最终都会演化为 $E_4(1,1)$ 的情况;当 $\alpha\in(0,\alpha^*)$,$\beta\in(0,\beta^*)$ 时,最终会演化为 $E_1(0,0)$,符合图 6.12 的演化结果。

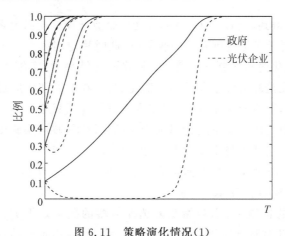

图 6.11　策略演化情况(1)

为研究补贴对政府和光伏企业演化结果的影响。前期设定初始补贴价格为 0.17 元/(kW·h),设定三个对比价格分别为 0.07 元/(kW·h)、0.27 元/(kW·h)、0.37 元/(kW·h)。得到三个不同的演化情况,政府额外社会效益选择情景 2,即情景选择 $G_3-G_4<0$,演化情况如图 6.13 所示。

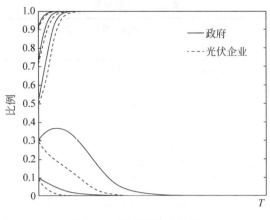

图 6.12　策略演化情况(2)

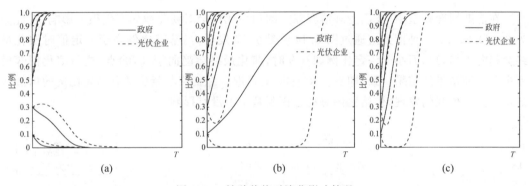

图 6.13　补贴价格对演化影响情况

(a) 补贴价格 0.07 元/(kW·h)；(b) 补贴价格 0.27 元/(kW·h)；(c) 补贴价格 0.37 元/(kW·h)

从图 6.13 中我们发现当补贴的价格逐渐上升时，演化策略都会慢慢趋近于 $E_4(1,1)$ 的稳定点。根据关系及演化情况，我们认定，出现这种情况是因为虽然光伏企业在补贴中获得了巨大的好处，但对于政府而言，政府会承担大量的补贴成本，从而导致政府收益大幅降低，政府为使利润最大化，必须通过实施 RPS 政府改变这种情况，因而政府会逐渐演变为实施 RPS 的策略，且补贴价格越高，政府的演化速度越快，而光伏企业为获得更多收益，也逐渐向 RPS 方向演化，但演化速度将慢于政府的速度，但最终都将进行绿色电力证书交易，即达到 $E_4(1,1)$ 稳定点。

6.3.2　政策情景分析

1. 政策情景设定

通过对 SD 模型下政府与光伏企业的演化分析，很好地验证了博弈论。为研究何种情况下社会福利最大，及参数变化对博弈双方演化的影响，本研究分析政府固定补贴、初始演化状态比例两种参数对绿证交易数量、社会福利及各主体策略的影响。具体参数设置与前文演化博弈设置参数相同，如表 6.8 所示。

表 6.8　情景设置

影 响 参 数	情景	α 初始比例	β 初始比例	P_{sub}
基准情景	S0	0.5	0.5	0.17
不同主体初始比例的影响	A1	0.3	0.3	0.17
	A2	0.5	0.5	0.17
不同主体初始比例的影响	A3	0.7	0.7	0.17
不同补贴价格的影响	B1	0.5	0.5	0.07
	B2	0.5	0.5	0.27
	B3	0.5	0.5	0.37
不同补贴时限的影响	C1	0.5	0.5	$0.17 - 0.01 \times time()$
	C2	0.5	0.5	$0.17 + 0.01 \times time()$

2. 政策情景仿真与优化

在前期博弈模型中，我们发现博弈双方的初始比例会对演化博弈产生很大影响，在此分为 0.3、0.5、0.7 三种情景。通过图 6.14～图 6.17 发现，当基础比例高于一定值时演化最终会趋向于 (1,1)，而小于一定比例如 0.3 时，演化最终会趋向于 (0,0) 点，这与演化博弈模型中第二种情景的结果一致，即 $G_3 - G_4 < 0$ 的情况。绿证交易量也随着初始比例的增加逐渐增加。此外我们发现，初始比例对社会福利基本上没有影响。

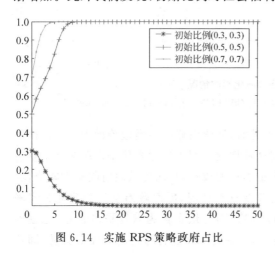

图 6.14　实施 RPS 策略政府占比

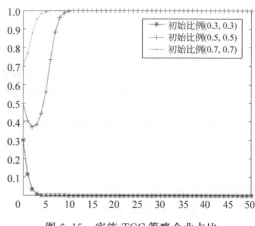

图 6.15　实施 TGC 策略企业占比

在 $G_3 - G_4 < 0$ 情境下，根据图 6.18 和图 6.19 我们发现固定电价补贴对演化情况、绿证交易量、社会福利产生了很大影响。当固定电价补贴逐渐增加时，对于博弈双方而言，演化速度都会加快，但影响具体效果不同。对于政府而言，演化速度会逐渐加快；但对于光伏企业而言，光伏企业交易绿证的比例会先下降再逐渐上升，并且补贴越来越高时，下降的速度会变大。这是因为补贴对光伏企业有巨大好处，会增加收益，但这会严重增加政府负担，导致政府迅速演化到实施 RPS，而光伏企业此时为了收益最大化，必须改变策略，进行 TGC交易，才会避免损失，从而产生上述曲线。

根据图 6.20，对于绿证交易量而言，在短期情况下，补贴价格越高，绿证交易量越少；在长期情况下，价格越高，绿证交易量越大。

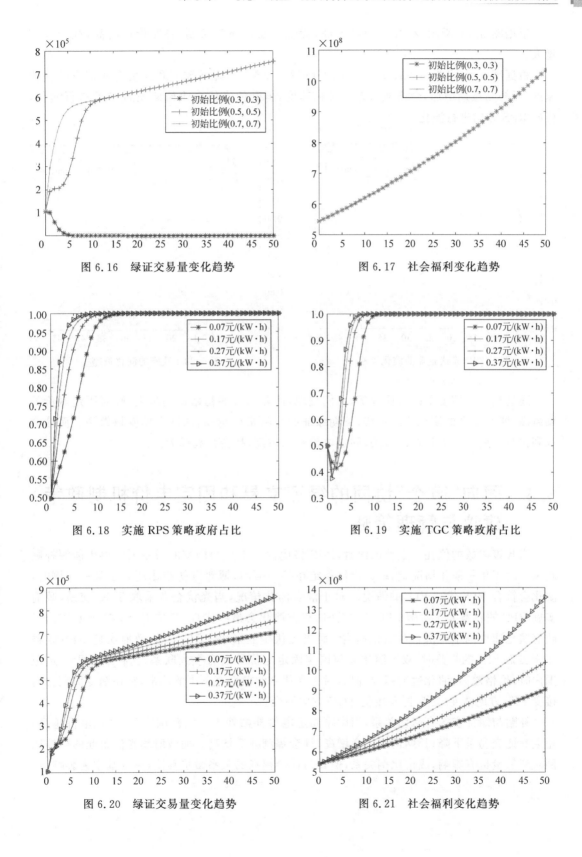

图 6.16　绿证交易量变化趋势

图 6.17　社会福利变化趋势

图 6.18　实施 RPS 策略政府占比

图 6.19　实施 TGC 策略政府占比

图 6.20　绿证交易量变化趋势

图 6.21　社会福利变化趋势

根据图 6.21 所示,在社会福利方面,无论是短期还是长期,补贴价格越高,社会福利越大。

根据图 6.22 和图 6.23,我们发现,补贴逐期下降,会降低政府和光伏企业双方的演化速度,而补贴逐期增加,会增加双方的演化速度,但会使光伏企业初期先向 FIT 进行演化,再向 RPS 方向进行演化。

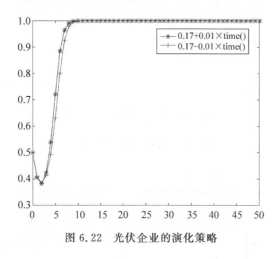

图 6.22 光伏企业的演化策略

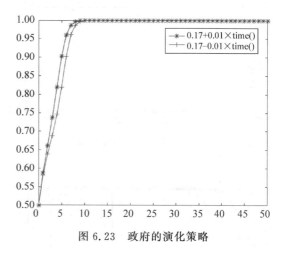

图 6.23 政府的演化策略

通过这三种情境下的对比分析,我们发现,博弈双方的初始比例越大、政府固定电价补贴越高,博弈双方的演化速度越快,长期绿证的交易量就越高,绿证市场就越繁华。而社会福利仅与政府固定电价补贴有关,固定电价补贴越高,社会福利越大。

6.4 面向"政企"协同的绿证交易和固定电价机制政策建议与管理策略

当政策参数的值在一定范围内时,RPS 将代替 FIT 成为国家的另一项可再生能源补贴政策。对于单一演化情况,当绿证价格稳定在某一值内,博弈方初始比例高于某一比例时,演化会符合 RPS 代替 FIT 的情况。对于混合演化情况,当光伏企业采取 TGC 交易,政府实施 RPS 的收益大于实施 FIT 的收益时,双方演化会最终实现{实施 RPS,交易 TGC},且政府演化速度高于光伏企业演化速度;而当光伏企业采取 TGC 交易,政府实施 RPS 收益小于实施 FIT 的收益时,双方演化会与国家固定电价补贴有很大联系,当补贴处于一定范围内时,价格越高,演化速度越快,但这对于光伏企业前期有不小的冲击,它在演变前期会向接受 FIT 方向演变,之后再向接受 TGC 方向演变。

补贴与绿证市场有密切关系,当国家固定电价补贴处于一定范围内时,固定电价越高,短期绿证交易量下降,长期情况下会增高,社会福利亦会增高。而政府和光伏企业的初始比例对交易量也有影响,成正比例关系,但其与社会福利的关系微乎其微,对其基本无影响。

第7章

考虑"政企网"三方博弈的绿证交易和电价补贴机制协同效应研究

7.1 考虑"政企网"三方博弈的绿证交易和电价补贴机制协同问题分析

7.1.1 研究背景

1. 化石能源枯竭与环境污染问题加剧

随着技术和经济的发展及人口的快速增长,世界对能源的需求量越来越大,随之而来的化石能源枯竭和能源环境污染问题,日益成为当今世界各国共同面临的突出问题。我国是世界上最大的发展中国家,也是全球最大的能源消耗国之一,还正处于工业化、城镇化进程加快的时期,能源消耗强度较高,随着经济规模的进一步扩大,能源需求还会持续较快地增加。目前来说,中国主要消耗以煤炭资源为主的化石能源,能源消耗结构失衡。化石能源的长期开发和利用不仅加剧资源的枯竭,同时产生过量温室气体及其他污染物,导致空气及环境污染,从而严重影响人民生活水平的提高及经济的可持续发展。

已有大量研究表明,可再生能源产业的发展有利于调整能源结构,促进经济增长、提升科技实力、减少二氧化碳排放等。为逐步优化中国的能源结构,降低对煤炭等不可再生能源的依赖度,中国政府对可再生能源的发展十分重视。由于可再生能源进入的是一个既有市场,该市场原来被化石能源占领,因此两者难免发生冲突。当高效清洁的新能源与高污染的传统能源产生冲突时,需要政府采取必要手段来解决,因此相关政策就成为支持可再生能源发展必不可少的因素。

2. 相关可再生能源政策相继出台

20世纪70年代,一些欧美国家就开始运用政策手段支持可再生能源发展。可再生能源激励政策经过几十年的演进,在世界范围内逐渐形成了两种代表性政策,一是固定电价(FIT)政策,又称可再生能源上网电价补贴政策,政府明确规定可再生能源电力的上网电价,通过补贴使电网公司从符合资质的可再生能源生产商处购买可再生能源电力,购买价格根据每种可再生能源发电技术的生产成本而定,且上网补贴价格一般呈逐年递减趋势,以鼓励可再生能源发电企业提高技术水平、降低生产成本。二是可再生能源配额制(RPS),即一个国家或地区通过法律形式对可再生能源发电在电力供应中所占的份额进行强制规定,企业完成可再生能源配额的方式有两种:一种是通过自身生产直接提供可再生能源电力,另一种是通过在市场上购买代表同等电量的可再生能源证书代替直接生产可再生能源电力,未完成政府强制要求可再生能源发电比例的发电商必须向政府支付高昂的罚款。

FIT 主要在德国、西班牙、丹麦等欧洲国家实行,其中德国是实行 FIT 的典范;RPS 主要在美国、加拿大、澳大利亚等国实行,其中美国是实行 RPS 最成功的国家。目前全世界已有 60 多个国家和地区实行了这两种政策中的一种或两种。

3. 政策效果与问题凸显,机遇与挑战共存

中国从 2005 年起开始引进 FIT 政策,在 FIT 政策的支持下,风电、光伏电力等可再生能源发电行业快速发展,取得了巨大成就,为调整能源结构作出了突出贡献。截至 2019 年年底,我国可再生能源发电装机容量达到 7.9 亿千瓦,约占全部电力装机容量的 39.5%。风电、光伏发电首次双双突破 2 亿千瓦;可再生能源年发电量超过 2 万亿千瓦时。水电、风电、太阳能发电、生物质发电可再生能源装机容量持续领跑全球。

FIT 政策实施后,在高额补贴政策驱动下,中国可再生能源电力装机容量得以超高速发展,但也遇到了各国发展光伏发电遭遇的问题和挑战,并与中国原有僵化的电力体制产生了种种摩擦和矛盾。其中尤为突出的是,中国可再生能源发电的补贴资金缺口急剧膨胀、"弃风""弃光"比例不断攀升。由于装机规模发展超出预期等原因,可再生能源发电补贴资金缺口较大,以致部分企业补贴资金不能及时到位。截至 2015 年年底,政府补贴资金缺口达410 亿元。"十二五"以来,我国出现了严重的"弃风""弃光"问题,风电和太阳能发电平均利用小时数大幅下降,且"弃风""弃光"现象有愈演愈烈的趋势。

为推动可再生能源的可持续发展,缓解政府财政压力,同时改善"弃风、弃光"严重的问题,2017 年 1 月国家能源局发布《关于试行可再生能源绿色电力证书核发及自愿认购交易制度的通知》,拟在 2018 年起开展配额考核和绿证强制约束交易。2018 年 3 月、9 月和 11月,国家能源局三次发布《可再生能源电力配额制征求意见稿》,并在最后一次意见稿中指出我国于 2019 年 1 月 1 日起正式进行配额考核。同时国家开始下调可再生能源上网补贴额度,促进可再生能源电力企业推动技术进步。2018 年 5 月,《关于 2018 年度风电建设管理有关要求的通知》及《关于 2018 年光伏发电有关事项的通知》先后发布,其核心是通过下调电价补贴释放出强烈的信号——控制需要国家补贴的电站规模,鼓励不需要国家补贴的发电项目。这些意味着从补贴机制逐步转向 RPS 及 TGC 机制是未来我国促进可再生能源发展的政策趋向。

7.1.2　研究意义

1. 理论意义

丰富和发展了可再生能源政策研究的理论体系。虽然国内外学者对可再生能源补贴问题和可再生能源配额制已经有了丰富的研究,但综合电力市场中多方微观主体的行为演变

研究仍较缺乏。本研究以政府、可再生能源电力企业(绿电企业)和电网公司三个电力市场中的微观主体为中心,从补贴退坡及可再生能源配额制的实施等政策演变的角度出发研究三个主体决策演变规律,利用科学的方法和步骤得出了较有说服力的结论,从某种程度上说拓展了关于中国可再生能源政策理论方面的研究。同时,拓展了演化博弈论和系统动力学的研究领域。构建可再生能源政策的三个参与主体演化博弈模型,在此基础上与系统动力学相结合,研究政府、绿电企业和电网公司在同一系统中的决策演化过程。基于此将三方演化博弈理论结合系统动力学应用于可再生能源政策研究领域,为该领域的研究做出有益的探索。

2. 实际意义

目前,中国的可再生能源发电制度还不完善,无论是 FIT 补贴下降还是 RPS 配额上升,都会给中国的经济和环境带来影响,如何确定中国能源结构及可再生能源市场的建立是中国电力改革面临的重要难题。本研究将演化博弈作为理论基础,较为清晰地揭示了电力市场中政府、绿电企业和电网公司三方参与主体决策演化规律和演化稳定策略,并利用数值分析和系统动力学仿真的方式科学模拟了补贴退坡、RPS 政策中重要参数变化对各主体行为演化路径的影响,探究了政府如何优化两种政策以保证政策经济性和社会效益最大化等政策制定和执行过程中的关键性问题,最后针对优化补贴退坡方式及RPS 政策提出政策建议,这对于提升和改善可再生能源政策的可行性与有效性具有现实性意义。

7.2　考虑"政企网"三方博弈的绿证交易和电价补贴机制协同模型的建立

7.2.1　双重差分法介绍

1. 基准双重差分法

双重差分法(difference in difference,DID)是一种估计因果效应的计量方法,其基本思想是将公共政策作为一个自然实验,为评估一项政策实施带来的净影响,将全部样本数据分为两组:一组受到政策影响,即实验组;另一组没有受到同一政策影响,即对照组。选取一个要考量的经济个体指标,根据政策实施前后(时间)进行第一次差分得到两组变化量,第一次差分可以消除个体不随时间变化的异质性,再对两组变化量进行第二次差分,以消除随时间变化的增量,最终得到政策实施的净效应。

基准双重差分法的模型设定为

$$Y_{kt} = \lambda + \alpha_1 du + \alpha_2 dt + \delta \times du \times dt + \varepsilon_{kt} \tag{7-1}$$

式中,du 为分组虚拟变量,若个体 k 受政策实施的影响,则个体 k 属于实验组,对应的 du 取值为 1;若个体 k 不受政策实施的影响,则个体 k 属于对照组,对应的 du 取值为 0。dt 为政策实施虚拟变量,政策实施之前 dt 取值为 0,政策实施之后 dt 取值为 1。$du \times dt$ 为分组虚拟变量与政策实施虚拟变量的交互项,其系数 δ 反映了政策实施的净效应。

更进一步地,双重差分法的思想可以通过图 7.1 体现:

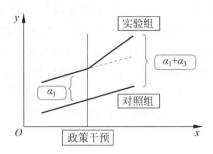

图 7.1　双重差分法原理

从双重差分法的模型设置看,要想使用双重差分法必须满足以下两个关键条件:一是必须存在一个具有试点性质的政策冲击,才能找到处理组和对照组,那种一次性全铺开的政策并不适用于双重差分法分析;二是必须具有一个相应的至少包括两年(政策实施前后各一年)数据的面板数据集。

2. 经典双重差分法

通过在面板模型中加入个体固定效应、时间固定效应及其他控制变量,双重差分法既能控制样本间不可观测的个体异质性,又能控制时间变化的不可观测总体因素的影响,因而能得到对政策效果的无偏差估计,避免政策作为解释变量存在的内生性问题。

经典双重差分法的模型设定为

$$Y_{kt} = \lambda + \alpha_k + \beta_t + \delta \times \mathrm{d}u \times \mathrm{d}t + \varepsilon_{kt} \qquad (7\text{-}2)$$

式中,α_k 为个体固定效应,精确反映了个体特征;β_t 为时间固定效应,精确反映了时间特征;$\mathrm{d}u$ 为分组虚拟变量,若个体 k 受政策实施的影响,则个体 k 属于处理组,对应的 $\mathrm{d}u$ 取值为 1;若个体 k 不受政策实施的影响,则个体 k 属于对照组,对应的 $\mathrm{d}u$ 取值为 0。$\mathrm{d}t$ 为政策实施虚拟变量,政策实施之前 $\mathrm{d}t$ 取值为 0,政策实施之后 $\mathrm{d}t$ 取值为 1。$\mathrm{d}u \times \mathrm{d}t$ 为分组虚拟变量与政策实施虚拟变量的交互项,其系数 δ 反映了政策实施的净效应。

3. 广义双重差分法

广义双重差分法在经典双重差分法的基础上考虑了政策全面覆盖的情况,使用广义双重差分法的重要前提是,虽然所有个体同时受到政策冲击,但政策对每个个体的影响不同,可以用 $\mathrm{intensity}_i$ 表示:

$$Y_{kt} = \lambda + \alpha_k + \beta_t + \delta \times \mathrm{intensity}_i \times \mathrm{d}t + \varepsilon_{kt} \qquad (7\text{-}3)$$

式中,$\mathrm{intensity}_i$ 表示政策对每个个体的影响程度。

4. 基于倾向评分匹配的双重差分法

匹配方法作为一种非实验方法计量或分析匹配主体相似性程度,并常以匹配主体命名。以处理组 a 和控制组 b 为例,使两个组内可获变量的取值尽可能趋同,以强可忽略性为前提,两组个体能进入处理组的概率相似且可比,此时对处理组 a 中的个体进行匹配工作,同时用相同的方法匹配控制组 b 中的个体,最后汇总处理效应,取平均得到"匹配估计量"。学者多以倾向评分匹配(propensity score matching,PSM)方法分析政策实施成效,研究过程中放宽了相同变量的限制,只需控制变量的概率相同,通过降维优势在具体实践中广泛运用。

倾向评分匹配是一种统计学方法,用于处理观察研究的数据。在观察研究中,由于种种原因,数据偏差和混杂变量较多,倾向评分匹配方法正是为了减少这些偏差和混杂变量的影响,对实验组和对照组进行更合理的比较。

倾向评分匹配方法及双重差分法均是对政策实施的实际效果进行评估的有效方法,而运用倾向评分匹配方法要求"强可忽略性"假定,双重差分法则难以消除潜在内生性问题,两种方法的单独运用出现偏差的风险较大,故学者以此为基础,探索将两种方法结合共同评估的方法,即当前被广泛应用的倾向评分匹配-双重差分法。

7.2.2 可再生能源发电政策影响的实证模型

1. 实证研究设计

在考察某一政策或冲击的影响时,双重差分法是一种简单有效的方法,并能在一定程度上缓解遗漏变量和政策的内生性问题,已被广泛应用于对政策及类似因素作用效果的研究。本章旨在考察 FIT 补贴退坡及绿证交易对省级可再生能源发展的影响,因为 FIT 补贴退坡政策及 TGC 交易政策在全国范围内同时实施,为准确起见,本研究采用广义双重差分法进行实证研究。

根据以上理论分析与假设,本章节建立两个模型,第一个模型从省份层面检验 FIT 补贴退坡政策的影响。针对此模型,构建以风电发电总量及光伏发电总量为因变量的广义双重差分模型:

$$\mathrm{Windpower}_{kt} = \lambda_0 + \alpha_k + \beta_t + \delta \times \mathrm{intensity}_k \times \mathrm{After}_{\mathrm{sub}} + \gamma \times X_{kt} + \varepsilon_{kt} \quad (7\text{-}4)$$

$$\mathrm{PVpower}_{kt} = \lambda_0 + \alpha_k + \beta_t + \delta \times \mathrm{intensity}_k \times \mathrm{After}_{\mathrm{sub}} + \gamma \times X_{kt} + \varepsilon_{kt} \quad (7\text{-}5)$$

式中,λ_0 是常数项,$\mathrm{Windpower}_{kt}$ 是省份 k 在 t 年的风电上网电力总量,$\mathrm{PVpower}_{kt}$ 是省份 k 在 t 年的光伏上网电力总量。α_k 是省份固定效应,可以控制不同省之间的固有差异;β_t 是年份固定效应;$\mathrm{intensity}_k$ 是衡量省份 k 受政策影响程度的虚拟变量。当研究光伏电力时,省份 k 处于太阳能 I 类或 II 类资源区时取 0,处于 III 类资源区时取 1;当研究风电时,省份 k 处于风电 I 类、II 类或 III 类资源区时取 0,处于 IV 类资源区时取 1。$\mathrm{After}_{\mathrm{sub}}$ 是虚拟变量,对于 2016 年及以后的观测等于 1,2016 年以前等于 0;X_{kt} 是控制变量,包括 GDP、人均 GDP 和第二产业占 GDP 比重,它控制了城市的发展阶段和工业发达程度等因素;ε_{kt} 是随机扰动项。$\mathrm{intensity}_k$ 和 $\mathrm{After}_{\mathrm{sub}}$ 的交叉项衡量了实验组政策实施后的变化,它剔除了共同的时间趋势影响;本研究关注的系数是 δ,它衡量了 FIT 补贴退坡的政策影响。

第二个模型从省份层面检验 TGC 交易政策的影响。类似地建立以下模型:

$$\mathrm{PVpower}_{kt} = \lambda_0 + \alpha_k + \beta_t + \delta \times \mathrm{Treat}_k \times \mathrm{After}_{\mathrm{TGC}} + \gamma \times X_{kt} + \varepsilon_{kt} \quad (7\text{-}6)$$

$$\mathrm{Windpower}_{kt} = \lambda_0 + \alpha_k + \beta_t + \delta \times \mathrm{Treat}_k \times \mathrm{After}_{\mathrm{TGC}} + \gamma \times X_{kt} + \varepsilon_{kt} \quad (7\text{-}7)$$

式中,λ_0 是常数项,$\mathrm{Windpower}_{kt}$ 是省份 k 在 t 年的风电上网电力总量,$\mathrm{PVpower}_{kt}$ 是省份 k 在 t 年的光伏上网电力总量。α_k 是省份固定效应,可以控制不同省之间的固有差异;β_t

是年份固定效应；$Treat_k$ 是虚拟变量，当省份 k 内有 TGC 交易时取 1，无绿证交易时取 0；$After_{TGC}$ 是虚拟变量，对于 2017 年及以后的观测等于 1，2017 年以前等于 0；X_{kt} 是控制变量，包括 GDP 和第二产业占 GDP 比重，它控制了城市的发展阶段和工业发达程度等因素；ε_{kt} 是随机扰动项。$Treat_k$ 和 $After_{TGC}$ 的交叉项衡量了实验组政策实施后的变化，它剔除了共同的时间趋势影响；本研究关注的系数是 δ，它衡量了 TGC 交易政策实施后的影响。

2. 数据、变量与描述性统计

本研究选择使用 2015—2019 年中国 31 个省份的面板数据评估政策影响。选取数据来自历年《中国统计年鉴》《中国电力统计年鉴》《中国能源统计年鉴》及中国绿色电力证书认购交易平台的交易数据等。受数据统计来源的限制，本研究不包含中国香港、中国澳门和中国台湾。

本文选取了各省 GDP 和第二产业占 GDP 的比重作为控制变量，由于各省 GDP 的数据范围较大，因此采取了对数处理以减小其标准差。具体各变量的描述性统计结果如表 7.1 所示。

表 7.1   变量描述性统计

	变量名称	变量符号	观测数	均值	标准差	最小值	最大值
被解释变量	风电总量	Windpower	155	96.262	116.086	0	665.800
	光伏电力总量	PVpower	155	39.268	45.506	0	176.310
控制变量	GDP	lnGDP	155	9.858	0.962	6.934	11.587
	第二产业占比	industry	155	0.405	0.076	0.162	0.505

分别对分组后省份的被解释变量（光伏发电量、风电发电量）进行观测，结果如图 7.2 与图 7.3 所示。

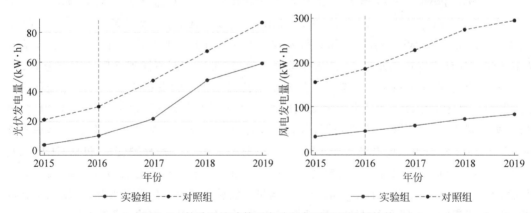

图 7.2   补贴退坡政策下实验组与对照组平行趋势

由图 7.2 可以看出，在补贴退坡政策影响下，实验组省份的可再生能源发电量相较对照组增长趋势整体略有减缓。而由图 7.3 可以看出，在绿证交易政策影响下，实验组省份的可再生能源发电量相较对照组增长趋势整体略有加快。这些图都为本研究的理论假设提供了初步证据。

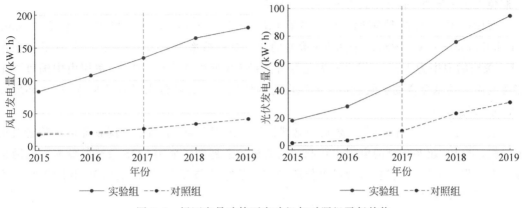

图 7.3　绿证交易政策下实验组与对照组平行趋势

7.2.3　可再生能源发电政策影响的演化博弈分析博弈框架

本部分基于研究对象的特点,采取演化博弈论研究可再生能源系统中各主体的发展变化。FIT 和 RPS 的主要目标是促进可再生能源电力行业的稳定健康发展。当前可再生能源电力政策正处于从 FIT 向 RPS 过渡的过程中。RE 企业既可以接受逐渐减少的政府补贴,也可以加入 TGC 交易市场,通过 TGC 交易获利。但对于每个单位的绿色电力,这两种方法不能同时选择。电网公司将受到 RPS 配额制的监管,它可以通过参与 TGC 交易完成配额任务;监管者将制定 FIT 及 RPS 政策的具体实施细节。本章对上述三个主体进行三种博弈者的策略驱动因素分别是利润、环境效应和绿电消纳。

1. 基本假设

在 FIT 政策单独实施的阶段,对可再生能源电力的 FIT 补贴总额由每千瓦时补贴金额和可再生能源电力的上网电量确定。每千瓦时补贴金额等于可再生能源电力基准价格与传统电力基准价格之差。2015 年以来,FIT 补贴持续下降。然而,由于可再生能源发电能力的快速提升,可再生能源的 FIT 补贴总量也在快速增长。因此监管部门引入了 RPS 政策和TGC 交易,以缓解支付 FIT 补贴的压力。监管机构向参与 TGC 交易的绿电企业核发TGC,单位 TGC 对应一定数量的可再生能源电力。未满足 RPS 配额任务的电网公司可以购买 TGC 以满足配额要求。根据演化博弈论和研究问题的要求,基本假设如下。

假设绿电企业有两种策略:参与绿证交易(trading TGCs,TT)和不参与绿证交易(not trading TGCs,NTT)。绿电企业选择 TT 意味着其绿色电力不会获得 FIT 补贴。绿电企业采用 TT 策略的概率为 $x(0 \leqslant x \leqslant 1)$,采用 NTT 策略的概率为 $1-x$。采用 TT 策略的绿电企业将从销售 TGC 中获利,而采用 NTT 策略的 RE 企业将选择接受 FIT 补贴。

假设电网公司有两种策略:高配额策略(high quota strategy,HQS)和低配额策略(low quota strategy,LQS)。电网企业采用 HQS 策略的概率为 $y(0 \leqslant y \leqslant 1)$。电网企业采用 LQS 策略的概率为 $1-y$。高配额策略是指电网公司选择达到或超过监管者设定的 RPS 配额要求。同样低配额策略意味着电网公司选择不满足 RPS 配额要求。HQS(LQS)企业的超额配额 μ(低配额 ρ)与采用 HQS(LQS)的概率和 RPS 配额要求成正比: $\mu = k_1 y \theta (\rho = k_2 (1-y) \theta)$。

为避免失去一般性,本研究假设 $k_1=k_2=0.5$。

假设监管者有两种策略:监管策略(regulation strategy,RS)和非监管策略(non-regulation strategy,NRS)。采用 RS 策略的调节器的概率为 $z(0 \leqslant z \leqslant 1)$。监管机构采用 NRS 策略的概率为 $1-z$。假设 c 为监管者选择 RS 策略时的监管成本,费用由中国可再生能源发展专项基金资助。假设传统能源电力的使用给监管者带来了环境成本,单位环境成本的系数设为 m。

假设 RPS 配额评估中存在激励和惩罚措施。采用 HQS 战略的电网企业由于监管机构的激励,可以从超额配额的电力中获利。监管机构还惩罚了采用 LQS 策略的低配额电网企业。在不失一般性的前提下,假设单位激励和单位惩罚与 TGC 价格正相关,激励系数设为 λ,惩罚系数设为 f。

假设销售可再生能源电力的单位利润与销售传统能源电力的单位利润不同。这是因为在中国,可再生能源发电的上网成本尚未达到完全平价。电网企业销售 RE 电和常规能源电的单位利润分别设为 e_r 和 e_c。

假设 TGC 价格存在上下限。政府需要抑制 TGC 价格的大幅波动,保持电力市场相对稳定。TGC 的价格范围限制在 $(0,0.45)$(Feng et al.,2018)。假设激励系数的值略大于 TGC 价格的最大值。

假设将多种可再生能源视为一个整体。由于水电的 FIT 和 RPS 政策与其他可再生能源有很大不同,本研究只考虑风电、光伏电力等非水电可再生能源。

2. 模型建立

根据上述假设,在政策演化过程中,参与博弈的三方参与者各有两种策略。在演化博弈中,参与者是有限理性的。他们会通过比较预期收益改变策略。三方参与者的收益矩阵可以得到,演化博弈中各符号的描述如表 7.2 所示。

表 7.2　演化博弈矩阵

博弈者	策略	电网公司 HQS(y)	电网公司 LQS($1-y$)	策略	博弈者
绿电企业	TT(x)	$\pi_1^{THR},\pi_2^{THR},\pi_3^{THR}$	$\pi_1^{TLR},\pi_2^{TLR},\pi_3^{TLR}$	RS(z)	监管者
	NTT($1-x$)	$\pi_1^{NHR},\pi_2^{NHR},\pi_3^{NHR}$	$\pi_1^{NLR},\pi_2^{NLR},\pi_3^{NLR}$		
	TT(x)	$\pi_1^{THN},\pi_2^{THN},\pi_3^{THN}$	$\pi_1^{TLN},\pi_2^{TLN},\pi_3^{TLN}$	NRS($1-z$)	
	NTT($1-x$)	$\pi_1^{NHN},\pi_2^{NHN},\pi_3^{NHN}$	$\pi_1^{NLN},\pi_2^{NLN},\pi_3^{NLN}$		

采用 TT 策略和 NTT 策略的 RE 企业的预期支付分别设为 Q_1^T 和 Q_1^N。集合 $\bar{Q}_1$ 为 RE 企业的平均预期收益。Q_1^T、Q_1^N 和 $\bar{Q}_1$ 可由式(7-11)~式(7-13)中的支付矩阵计算得到:

$$Q_1^T = yz\pi_1^{THR} + (1-y)z\pi_1^{TLR} + y(1-z)\pi_1^{THN} + (1-y)(1-z)\pi_1^{TLN} \tag{7-8}$$

$$Q_1^N = yz\pi_1^{NHR} + (1-y)z\pi_1^{NLR} + y(1-z)\pi_1^{NHN} + (1-y)(1-z)\pi_1^{NLN} \tag{7-9}$$

$$\bar{Q}_1 = xQ_1^T + (1-x)Q_1^N \tag{7-10}$$

同理,可以得到电网公司的预期支付和平均支付:

$$Q_2^H = xz\pi_2^{\text{THR}} + (1-x)z\pi_2^{\text{NHR}} + x(1-z)\pi_2^{\text{THN}} + (1-x)(1-z)\pi_2^{\text{NHN}} \tag{7-11}$$

$$Q_2^L = xz\pi_2^{\text{TLR}} + (1-x)z\pi_2^{\text{NLR}} + x(1-z)\pi_2^{\text{TLN}} + (1-x)(1-z)\pi_2^{\text{NLN}} \tag{7-12}$$

$$\bar{Q}_2 = yQ_2^H + (1-y)Q_2^L \tag{7-13}$$

监管机构的预期支付和平均支付计算如下：

$$Q_3^R = xy\pi_3^{\text{THR}} + x(1-y)\pi_3^{\text{TLR}} + (1-x)y\pi_3^{\text{NHR}} + (1-x)(1-y)\pi_3^{\text{NLR}} \tag{7-14}$$

$$Q_3^N = xy\pi_3^{\text{THN}} + x(1-y)\pi_3^{\text{TLN}} + (1-x)y\pi_3^{\text{NHN}} + (1-x)(1-y)\pi_3^{\text{NLN}} \tag{7-15}$$

$$\bar{Q}_3 = zQ_3^R + (1-z)Q_3^N \tag{7-16}$$

7.2.4　可再生能源发电政策影响的趋势仿真分析的检验

本节建立与演化博弈模型相应的系统动力学模型。该模拟有助于分析演化博弈的演化路径，找到均衡点。系统动力学模型关键参数的值来源于官方统计数据、权威行业报告和以往的研究。模拟时间为 100 个月，从 2020 年 1 月开始。时间步长为月。RPS 配额是每省配额的加权平均值。

系统动力学模型的有效性检验对仿真结果至关重要。为保证仿真结果的可靠性，本研究从结构合理性、行为效度和纯策略仿真检验 3 个方面进行了检验。

1．结构合理性检验

结构合理性检验的目的是检验系统动力学模型是否存在模型结构或尺度上的一致性误差。通过 Anylogic 调试显示本研究的系统动力学模型在结构合理性上没有错误。

2．行为效度检验

行为有效性是影响仿真结果可靠性的重要因素。由于系统动力学是一种面向行为的仿真方法，因此有必要探讨行为参数的不确定性。在本研究中，采用 Vensim_DSS 中的蒙特卡洛灵敏度测试进行行为效度检验。通过随机选取不确定或未知参数，重复多次模拟，探究所选输出变量的不确定性和未来可能性。用置信度说明模型的有效性。在本研究提出的模型中，选择了 5 个重要的不确定性参数。其均值和分布如表 7.3 所示。模拟时间设置为 400 次。

表 7.3　行为有效性测试中所选参数的设置

参　　数	参　数　含　义	均值	范围	分　　布
Penalty Coefficient	惩罚系数	2	(1,3)	正态分布
Incentive Coefficient	激励系数	0.5	(0.1,1)	正态分布
e_r	电网企业销售 RE 电的单位利润	0.05	(0.045,0.055)	均匀分布
Growth Rate of RPS Quota	RPS 配额的增长率	0.057	(0.001,0.08)	正态分布
Reduction Rate of Subsidy	补贴的减少率	0.1	(0.001,0.3)	正态分布

如图 7.4 所示，x、y、z 的置信度为行为效度检验的结果。蒙特卡洛模拟中测试用例的百分比在置信范围的相应百分比内。这意味着在本研究构建的模型中，每个主体的行为策略与其在现实世界中的行为是一致的。

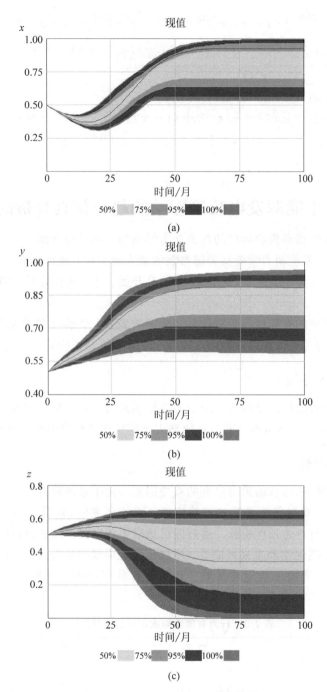

图 7.4　蒙特卡洛有效性检验结果

（a）绿电企业的策略选择；（b）电网公司的策略选择；（c）监管者的策略选择

3. 纯策略仿真检验

纯策略是指绿电企业、电网公司和监管者的初始策略为 0 或 1。因此有 8 个策略组合：$(0,0,0)$、$(0,0,1)$、$(0,1,0)$、$(0,1,1)$、$(1,0,0)$、$(1,0,1)$、$(1,1,0)$、$(1,1,1)$。根据三方演化

博弈模型的稳定性分析,系统会在以上 8 个点上达到平衡。此时没有任何一方愿意改变自己最初的策略。然而这可能是一个不稳定的平衡状态。只要其中一方稍微调整策略,初始均衡状态就会立即被打破。为验证系统动力学模型和演化博弈分析的一致性,本章对以上 8 个点进行了仿真分析。此处以 $(0,1,0)$ 为例进行论证。

图 7.5(a) 为初始策略为 $(0,1,0)$ 时三方博弈的演化路径,图 7.5(b) 为 x 增加 0.01 时三方博弈的演化路径。可以看出初始策略为 $(0,1,0)$ 时,各主体的行为并不会发生改变,保持稳定状态;当绿电企业选择 TT 策略的概率有微小波动,三个主体策略变为 $(0.01,1,0)$ 时,可以看到绿电企业整体的稳定状态立即发生变化,选择 TT 策略的比例持续提高,在第 50 个月左右达到 1,随后整个系统达到稳定。本研究通过纯策略仿真测试证明提出的系统动力学模型与三方演化博弈模型是一致的。

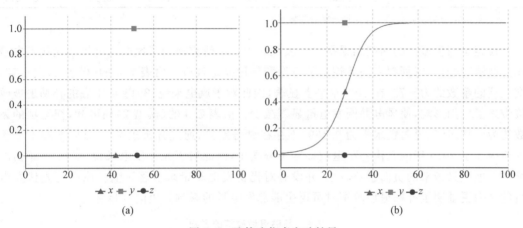

(a)　　　　　　　　　　　　(b)

图 7.5　纯策略仿真实验结果

(a) 初始策略为 $(0,1,0)$;(b) 初始策略为 $(0.01,1,0)$

综上所述,基于三方演化博弈模型的系统动力学模型在结构上是合理的。它能很好地反映现实世界中电力企业、电网企业和监管机构的战略选择,还能用于有效研究关键政策参数对可再生能源电力系统的影响。

7.3　考虑 "政企网" 三方博弈的绿证交易和电价补贴机制协同模型分析

7.3.1　可再生能源发电政策影响的有效性分析的实证分析结果

1. FIT 补贴退坡政策的影响

采用 PSM-DID 法,筛选出补贴退坡政策干预前对照组的相似个体,用于满足政策干预的随机性前提。这里用控制变量作为筛选标准,控制实验组和对照组的样本个体间差异,降低因样本选择偏误带来的估计误差问题。首先检验进行倾向匹配评分后,是否使各变量在实验组与对照组的分布变得均衡,平衡性检验结果如表 7.4 所示。匹配过后,实验组和控制组样本差异的 P 值均达到了 0.6 以上,表明实验组和对照组之间不存在显著差异,匹配效果较好。

表 7.4　平衡性检验结果

	加 权 变 量	对照组均值	实验组均值	差值	$|t|$	$\Pr(|T|>|t|)$
模型 1	风电发电量	187.073	26.818	−160.255	3.66	0.0018 ***
	lnGDP	9.403	9.228	−0.175	0.47	0.6424
	industry	0.444	0.437	−0.007	0.21	0.8334
模型 2	光伏发电量	12.130	1.519	−10.611	1.85	0.0776 *
	lnGDP	9.709	9.745	0.036	0.13	0.8944
	industry	0.422	0.426	0.004	0.10	0.9214

注:*、*** 分别表示在 10%、1% 的水平上显著。

模型 1 与模型 2 的回归结果报告于表 7.5 中。本研究使用了风电发电量和光伏发电量作为被解释变量,每列都完整地控制了省份和年份固定效应。由表 7.5 的(模型 1)列可知,交互项的系数约为 −75,在 10% 水平上显著,因此对于风电来说,2015 年年底的补贴退坡政策带来了负面影响,使风电并网发电量显著减少。由表 7.5 的(模型 2)列可知,交互项的系数约为 −16.797,显著性水平为 0.189,不存在显著差异,通过分析表 7.5,可以发现不显著的原因在于 2016 年的光伏补贴退坡幅度十分微小,因此对于光伏发电来说,2016 年年初的补贴退坡政策带来的负面影响较小,并没有对光伏发电量带来显著影响。风电与光伏发电量的区别更证明了补贴退坡政策对可再生能源发电量的影响是负向且显著的。

表 7.5　补贴退坡政策的影响

	(模型 1)风电发电量	(模型 2)光伏发电量
intensity$_k$ × After$_{sub}$	−75.088	
(intensity$_k$ 按风电资源区取值)	(42.211)	
	0.078 *	
intensity$_k$ × After$_{sub}$		−16.797
(intensity$_k$ 按太阳能资源区取值)		(12.706)
		0.189
省份固定效应	Yes	Yes
年份固定效应	Yes	Yes
控制变量	Yes	Yes
观测数	105	130
R 平方	0.78	0.51

注:* 表示在 10% 的水平上显著。括号内为标准误差。

2. TGC 交易政策的影响

同样地,首先对模型检验进行倾向匹配评分后,是否使各变量在实验组与对照组的分布变得均衡,平衡性检验结果如表 7.6 所示。匹配过后,实验组和控制组样本差异的 P 值均达到了 0.6 以上,表明实验组和对照组之间不存在显著差异,匹配效果较好。

表 7.6　平衡性检验结果

	加权变量	控制组均值	实验组均值	差值	$\vert t \vert$	$\mathbf{Pr}(\vert T \vert > \vert t \vert)$
	风电发电量	24.833	93.381	68.548	3.85	0.0003***
模型 3	lnGDP	9.995	9.964	−0.031	0.11	0.9092
	industry	0.435	0.428	−0.007	0.48	0.6305
	光伏发电量	2.936	18.432	15.495	3.27	0.0020***
模型 4	lnGDP	9.995	9.964	−0.031	0.11	0.9092
	industry	0.435	0.428	−0.007	0.48	0.6305

注：*** 表示在 1% 的水平上显著。

模型 3 与模型 4 的回归结果报告于表 7.7 中。本研究使用了风电发电量和光伏发电量作为被解释变量,每列都完整地控制了省份和年份固定效应。由表 7.7 的(模型 3)列可知,交互项的系数约为 60,在接近 5% 水平上显著,因此对于风电来说,2017 年的绿证交易政策带来了显著的正面影响,使风电并网发电量得到了显著提高。由表 7.7 的(模型 4)列可知,交互项的系数约为 30.503,显著性水平为 0.008,在小于 1% 的水平上显著,通过分析可以发现,TGC 交易对光伏发电影响较小的原因在于,尽管目前光伏电力绿证价格高于风电绿证,但其交易量远低于风电绿证的交易量,因此对于光伏发电来说,2017 年年初的 TGC 交易政策带来的影响小于风能发电。通过以上分析可以知道,绿证交易政策对可再生能源发电量的影响是正向且显著的。

表 7.7　绿证交易政策的影响

	(模型 3)风电发电量	(模型 4)光伏发电量
	60.456	
$\text{Treat}_k \times \text{After}_{\text{TGC}}$	(32.730)	
	0.067*	
		30.503
$\text{Treat}_k \times \text{After}_{\text{TGC}}$		(11.374)
		0.008***
省份固定效应	Yes	Yes
年份固定效应	Yes	Yes
控制变量	Yes	Yes
观测数	130	130
R 平方	0.32	0.45

注：*、*** 分别表示在 10%、1% 的水平上显著。括号内为标准误差。

7.3.2　可再生能源发电政策影响的演化博弈分析

1. 收益分析

根据演化博弈矩阵,该博弈共有 8 种策略组合,策略组合简称为 THR、THN、TLR、TLN、NHR、NHN、NLR、NLN。在基本假设的基础上,本研究分析了每种组合中参与者的收益。相关参数的含义见表 7.8。

表 7.8   演化博弈中使用的参数的含义

类型	符号	含　义
变量	$x(t)$	RE 企业采用 TT 策略的比例
	$y(t)$	电网公司采用 HQS 策略的比例
	$z(t)$	监管者采取 TT 策略的比例
	p_{TGC}	绿证的每千瓦时的单位价格
	sub	每千瓦时绿电的补贴
	θ	RPS 配额要求
	μ	选择 HQS 的电网公司超过配额的比例
	ρ	选择 LQS 的电网公司少于配额的比例
	q	电网公司的上网电量
	q_r	电网公司上网的绿电电量
参数	c	监管成本
	e_c	销售每千瓦时传统电力的净利润
	e_r	销售每千瓦时绿色电力的净利润
	m	环境损失成本系数
	λ	激励系数
	f	惩罚系数
公式	$i=1,2,3$	分别指绿电企业、电网公司和监管者
	j	指不同的战略或战略组合
	Q_i^j	采用不同策略的博弈者的支付
	$\bar{Q}_i$	每个博弈者的平均支付
	π_i^j	不同策略组合下各参与方的支付函数
	$F(x),F(y),F(z)$	绿电企业、电网公司和监管者的复制动态方程

1) THR 策略组合

RE 企业选择 TT 战略,电网企业选择高质量战略,监管者选择 RS 策略。TGC 的单价设为 p_{TGC}。得到 RE 企业参与 TGC 交易情况下的收益:

$$\pi_1^{THR}=p_{TGC}q_r \tag{7-17}$$

电网公司选择 HQS 战略的收益由三部分组成:

$$\pi_2^{THR}=[(1-\theta-\mu)+(\theta+\mu)e_r+\mu\lambda p_{TGC}]q \tag{7-18}$$

监管者的成本包括环境成本、对电网企业的激励费用、监管成本:

$$\pi_3^{THR}=-[m(1-\theta-\mu)+\mu\lambda p_{TGC}]q-c \tag{7-19}$$

2) THN 策略组合

绿电企业、电网公司和监管者分别选择 TT 策略、HQS 策略和 NRS 策略。由于绿电企业的战略相对于 THR 策略组合并没有改变,所以绿电企业的利润没有改变。采用 HQS 的电网公司因为监管机构的非监管策略而不会得到监管者的激励。

$$\pi_2^{THN}=[(1-\theta-\mu)e_c+(\theta+\mu)e_r]q \tag{7-20}$$

因此,监管者的支付函数为

$$\pi_3^{THN}=-m(1-\theta-\mu)q \tag{7-21}$$

3) TLR 策略组合

绿电企业、电网公司和监管者分别选择 TT 策略、LQS 策略和 RS 策略。RE 企业的利润保持不变。采用 LQS 的电网公司将不得不向监管者支付罚款。

$$\pi_2^{\mathrm{TLR}} = [(1 - \theta + \rho)e_{\mathrm{c}} + (\theta - \rho)e_{\mathrm{r}} - \rho f p_{\mathrm{TGC}}]q \tag{7-22}$$

监管者的支付函数为

$$\pi_3^{\mathrm{TLR}} = -[m(1 - \theta + \rho) - \rho f p_{\mathrm{TGC}}]q - c \tag{7-23}$$

4）TLN 策略组合

绿电企业、电网公司和监管者对应的策略是 TT 策略、LQS 策略和 NRS 策略。绿电企业的利润保持不变，同式（7-21）。因此有 $\pi_1^{\mathrm{THR}} = \pi_1^{\mathrm{THN}} = \pi_1^{\mathrm{TLR}} = \pi_1^{\mathrm{TLN}}$。

电网公司因监管者的 NRS 策略而不必支付罚款：

$$\pi_2^{\mathrm{TLN}} = [(1 - \theta + \rho)e_{\mathrm{c}} + (\theta - \rho)e_{\mathrm{r}}]q \tag{7-24}$$

在这种情况下，监管机构只有环境成本：

$$\pi_3^{\mathrm{TLN}} = -m(1 - \theta + \rho)q \tag{7-25}$$

5）NHR 策略组合

在这种情况下，绿电企业选择了 NTT 策略。这些绿电企业将直接通过 FIT 政策获得补贴。电网公司选择 HQS 战略，其收益函数与 THR 策略组合时的式（7-17）相同。

$$\pi_1^{\mathrm{NHR}} = q_{\mathrm{r}}\mathrm{sub} \tag{7-26}$$

监管者采取监管策略，他们需要补贴选择 NTT 策略的绿电企业，其支付函数可以推导为

$$\pi_3^{\mathrm{NHR}} = -[m(1 - \theta - \mu) + \mu\lambda p_{\mathrm{TGC}}]q - q_{\mathrm{r}}\mathrm{sub} - c \tag{7-27}$$

6）NHN 策略组合

三方的策略分别为 NTT、HQS 和 NRS 策略。绿电企业将得到监管者的 FIT 补贴，其支付函数与 NHR 组合时的式（7-26）相同。同样，得到 $\pi_1^{\mathrm{NHR}} = \pi_1^{\mathrm{NHN}} = \pi_1^{\mathrm{NLR}} = \pi_1^{\mathrm{NLN}}$。电网公司的收益函数与 THN 组合时的式（7-20）相同。监管者的收益函数为

$$\pi_3^{\mathrm{NHN}} = -m(1 - \theta - \mu)q - q_{\mathrm{r}}\mathrm{sub} \tag{7-28}$$

7）NLR 策略组合

绿电企业、电网公司和监管者的相应策略是 NTT 策略、LQS 策略和 RS 策略。同样，电网企业的收益函数与组合 TLR 中的式（7-21）相同。监管者的收益函数为

$$\pi_3^{\mathrm{NLR}} = -m(1 - \theta + \rho)q + \rho f q p_{\mathrm{TGC}} - q_{\mathrm{r}}\mathrm{sub} - c \tag{7-29}$$

8）NLN 策略组合

绿电企业、电网公司和监管者分别选择 NTT 策略、LQS 策略和 NRS 策略。电网企业的收益函数与策略组合 TLN 中的式（7-23）相同。

$$\pi_3^{\mathrm{NLN}} = -m(1 - \theta + \rho)q - q_{\mathrm{r}}\mathrm{sub} \tag{7-30}$$

2. 稳定性分析

每个参与者策略选择概率的变化率可以从演化博弈论的复制动态方程中得到（Taylor and Jonker，1978）。推导绿电企业、电网公司和监管者的复制动态方程为

$$\begin{aligned} F(x) &= \mathrm{d}x/\mathrm{d}t = x(Q_1^T - \bar{Q}_1) = x(1 - x)(Q_1^T - Q_1^N) \\ &= x(1 - x)(p_{\mathrm{TGC}} - \mathrm{sub})q_{\mathrm{r}} \end{aligned} \tag{7-31}$$

$$\begin{aligned} F(y) &= \mathrm{d}y/\mathrm{d}t = y(Q_2^H - \bar{Q}_2) = y(1 - y)(Q_2^H - Q_2^L) \\ &= y(1 - y)q[(\mu + \rho)(e_{\mathrm{r}} - e_{\mathrm{c}}) + z(\mu\lambda + \rho f)p_{\mathrm{TGC}}] \end{aligned} \tag{7-32}$$

$$F(z) = dz/dt = z(Q_3^R - \bar{Q}_3) = z(1-z)(Q_3^R - Q_3^N)$$
$$= z(1-z)[\rho f q p_{TGC} - y(\mu\lambda + \rho f)q p_{TGC} - c] \tag{7-33}$$

当三方博弈者的策略选择变化率为 0 时,可得到三方演化博弈系统的平衡点。当 $F(x)=0, F(y)=0, F(z)=0$ 时,计算出 9 个平衡点:$D1(0,0,0), D2(0,0,1), D3(0,1,0), D4(0,1,1), D5(1,0,0), D6(1,0,1), D7(1,1,0), D8(1,1,1)$。同时,在 $R = \{x,y,z \mid 0 \leqslant x \leqslant 1, 0 \leqslant y \leqslant 1, 0 \leqslant z \leqslant 1\}$ 范围内有 $D_9(x^*, y^*, z^*)$。

$$\begin{cases} p_{TGC} = sub \\ y^* = \dfrac{\rho f q p_{TGC} - c}{(\mu\lambda + \rho f)q p_{TGC}} \\ z^* = \dfrac{-(\mu + \rho)(e_r - e_c)}{(\mu\lambda + \rho f)p_{TGC}} \end{cases} \tag{7-34}$$

一般来说,利用 Friedman(1991)提出的雅可比矩阵方法,通过求解雅可比矩阵的特征,可以得到演化博弈中博弈者之间平衡点的稳定性。然而通过计算,用雅可比矩阵方法得到这种演化路径的特征方程是非常复杂的,涉及的影响因素比较多且参数大小无法判断,导致对应特征值的大小、正负难以计算,也就是说,利用雅可比矩阵的方法求解绿电企业、电网公司与监管者组成的三方博弈系统的均衡点分析各自演化稳定策略比较困难。因此,下一章引入系统动力学模型,从系统的角度,直接、清晰地分析三方演化博弈的均衡点及到达均衡点的演化路径。

7.3.3 可再生能源发电政策影响趋势的仿真分析

绿电企业、电网公司和监管者的初始策略会对系统的演化路径和稳定性产生很大的影响。本研究将 x、y、z 的整体值设为低、中、高进行分析,包括(0.1,0.1,0.1)、(0.5,0.5,0.5)和(0.9,0.9,0.9)。

图 7.6 显示了不同系统初始状态的仿真分析。如图 7.6(a)所示,当初始策略为(0.1,0.1,0.1)时,绿电企业和电网公司将直接成长到稳定状态。x 和 y 的比值逐渐接近于 1。采用 RS 策略的监管者比例将在前 20 个月上升,然后降至零并保持稳定。这是因为初期能够满足 RPS 配额要求的电网公司很少,这就需要监管者加大监管力度。从图 7.6(b)和(c)可以看出,当 x、y、z 的初始值增大时,系统达到稳定的速度更慢。在图 7.6(b)和(c)中,RE企业的 TT 采用率早期有下降趋势。这是因为初始阶段对绿电企业的 FIT 补贴高于 TGC 的交易收入。因此,在利益的驱动下一些选择 TT 战略的绿电企业会转向 NTT 战略。在三种情况中,x、y、z 初始值最高的情况最晚达到稳定。

从图 7.6 可以看出,初始阶段 TT 策略、HQS 策略和 RS 策略采用率高可能影响 RE 电力系统的稳定性。为进一步研究政策参数对系统演化过程的影响,本研究对几个重要参数进行了情景分析,这些情景基于(0.1,0.1,0.1)初始策略。

1. 情景设置

在 FIT 政策和 RPS 政策的背景下,政策设计参数对可再生能源电力系统的演化过程也会产生很大影响。为研究不同补贴下降率的影响,本研究将补贴下降率设为三个水平。同

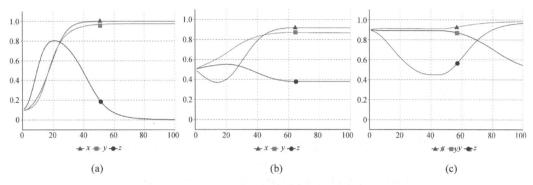

图 7.6 不同系统初始状态的仿真分析

(a) 初始策略为(0.1,0.1,0.1);(b) 初始策略为(0.5,0.5,0.5);(c) 初始策略为(0.9,0.9,0.9)

样,为研究 RPS 配额要求不同增长率的影响,将 RPS 配额值的增长率设置为三个水平。可再生能源电力是否达到平价甚至是低价格(与传统电力相比)也会对 RPS 政策的有效性产生重大影响,因此,本研究将研究电网公司销售绿电和火电的利润影响,并相应地为 e_r 和 e_c 的值设置了三种场景。最后,为研究 RPS 政策中奖惩机制的影响,本章分别设置了不同的激励系数和惩罚系数情景。表 7.9 列出了重要参数的仿真情景设置。

表 7.9 重要参数的仿真情景设置

参　　数	初始值	情　景　设　置
补贴退坡速率	0.01	(0.05,0.015,0.025)
RPS 配额增长速率	0.006	(0.002,0.006,0.01)
e_c,e_r	(0.05,0.045)	(0.05,0.04),(0.05,0.05),(0.05,0.06)
激励系数	0.5	(0,0.4,0.5,0.6)
惩罚系数	2	(1.0,2.0,3.0,50.0)

2. 补贴退坡速率的影响

本研究将补贴退坡速率分别设定为 0.05、0.15 和 0.25。图 7.7 显示了不同补贴退坡速率对各博弈方的影响分析。图 7.7(a)、(b)、(c)分别为绿电企业、电网企业和监管者的策略选择比率。

由图 7.7(a)可以看出,FIT 补贴下降得越快,绿电企业达到演化稳定状态的速度越快,三种情景下绿电企业演化稳定的状态都是 1,即最终绿电企业都将选择进行绿证交易获得收益;由图 7.7(b)可以看出,三种情景下电网公司的策略选择概率并未发生明显变化,表明电网公司对补贴退坡的速率并不敏感,同时可以看出,电网企业达到稳定时选择 HQS 的概率并未达到 1,约为 0.98。由图 7.7(c)可以看出,补贴下降得越快,监管机构前期的 RS 策略采用率保持不变,而后期会采用的 RS 策略选择率更高。

3. RPS 配额增长速率的影响

RPS 配额增长速率代表监管者实施 RPS 政策的积极性。RPS 配额要求越高,对绿证的需求越大。本章中设置了三种 RPS 配额增长速率的情景,分别为 0.002、0.006 和 0.01。

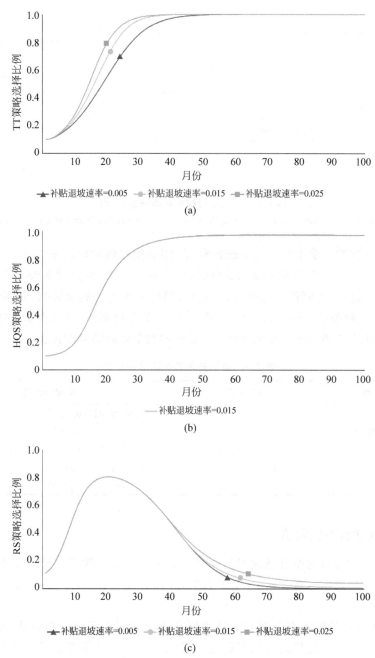

图 7.7 不同补贴退坡速率对各博弈方的影响分析

(a) 绿电企业的策略选择;(b) 电网公司的策略选择;(c) 监管者的策略选择

图 7.8 显示了不同 RPS 配额增长速率对各博弈方的影响。由图 7.8(a)可以看出,在三种 RPS 配额增长速率情景下,绿电企业的策略选择并没有表现出明显差别,这表明绿电企业的策略选择对 RPS 配额增长速率的变化并不敏感,这说明 TT 策略的采用率主要受补贴削减率的影响,而不是 RPS 配额增长速率的增加。从图 7.8(b)可以看出,在较高的 RPS 配额增长速率下,电网企业选择 HQS 策略的概率会略有增加,稳定后都略低于 1。由图 7.8(c)可以看出,从 0.002 到 0.01,RPS 配额增长速率的增加导致第 20 个月后监管者的

RS 策略采用率急剧下降,配额增长速率为 0.002 时,监管者的最终稳定策略约为 0.35;而配额增长速率为 0.006 及 0.01 时,监管者的最终稳定策略降为 0。

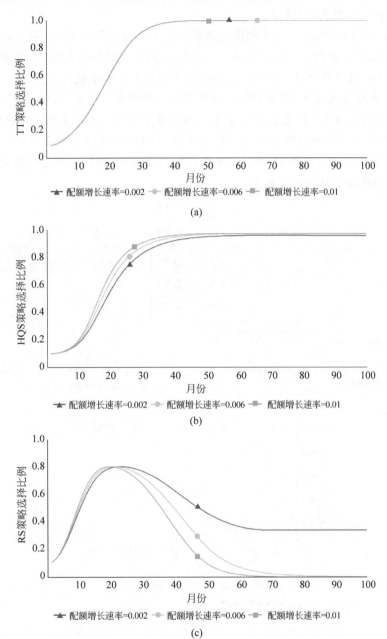

图 7.8 不同 RPS 配额增长速率对各博弈方的影响分析

(a) 绿电企业的策略选择;(b) 电网公司的策略选择;(c) 监管者的策略选择

4. e_c 和 e_r 的影响

e_c 和 e_r 分别表示电网公司销售传统能源电力和可再生能源电力的单位利润。目前,中国的可再生能源发电成本正在下降,但尚未达到完全平价。本章将 e_c 和 e_r 之差视为售电的额外成本,研究了可再生能源发电技术的进步对系统演化的影响。e_c 和 e_r 的三种组合场景分别为 $(0.05,0.04)$、$(0.05,0.05)$、$(0.05,0.06)$,这三种情景分别表示可再生能源发电处于"高价""平价"和"低价"的情景。

图 7.9 为不同 e_c 和 e_r 组合下的仿真结果。e_r 的取值范围为 $0.04 \sim 0.06$,表示绿电发电成本的逐步降低。从图 7.9(a) 可以看出,e_c 和 e_r 同样对绿电企业选择 TT 的比例影响不大。由图 7.9(b) 可以看出,较高的 e_r 值即可再生能源电力成本较低,会促使电网公司选择 HQS 策略,可再生能源电力在"平价"和"低价"时,电网公司的策略选择会在第 60 个月后达到稳定状态,且选择 HQS 策略的比例接近 1,而仿真显示当可再生能源电力的价格过高时,电网企业并不能在研究期限内达到演化稳定状态,其 HQS 策略选择率后期还有下降的趋势。同时,由图 7.9(c) 可以看出,当可再生能源电力技术改进时,监管者的监管概率会有一定幅度降低,最终都会达到稳定状态。

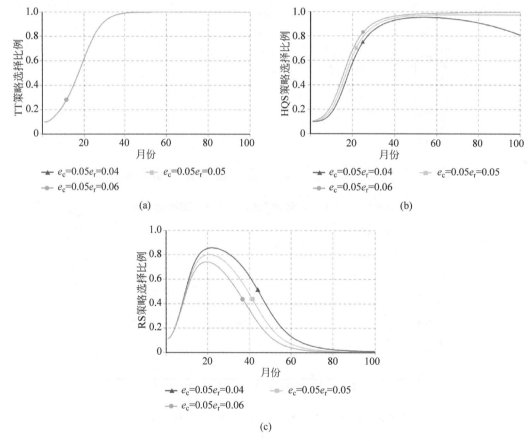

图 7.9　不同 e_c 和 e_r 组合对各博弈方的影响分析
(a) 绿电企业的策略选择;(b) 电网公司的策略选择;(c) 监管者的策略选择

5. RPS 政策中激励系数的影响

如果电网公司采用 HQS 战略,超过 RPS 配额要求的部分将得到监管者的奖励。通过理论分析和实验验证,可以得出激励系数和惩罚系数对绿电企业采用 TT 策略的概率没有影响。因此,本章的研究重点是激励系数和惩罚系数对电网公司和监管者的影响。将激励系数设为 0、0.4、0.5、0.6 四个情景。激励系数为 0,表示监管者不会对电网公司超额配额进行奖励。

图 7.10 显示了不同激励系数对电网企业和监管者的影响。从图 7.10(a)可以看出,激励系数为 0 时,电网公司的演化速度较慢,建立激励机制可以促进电网公司选择 HQS 战略的比例,不过建立激励机制对电网企业的最终稳定状态影响不大。由图 7.10(b)可以看出,激励系数越高,监管者演化到 0 的速度越快。而如果没有激励机制,监管者的稳定状态会有很大不同,将在第 20 个月后一直维持较高的监管策略比率。

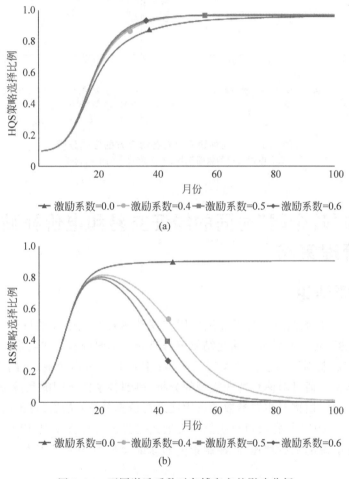

图 7.10　不同激励系数对各博弈方的影响分析
(a) 电网公司的策略选择;(b) 监管者的策略选择

6. RPS 政策中惩罚系数的影响

监管者将惩罚那些未能达到 RPS 配额要求的电网企业。本研究中为惩罚系数设置了 4 个情景,分别为 1、2、3 和 50。当惩罚系数为 50 时,意味着电网企业如果不能满足 RPS 配额要求,将付出特别巨大的代价。

图 7.11 为不同惩罚系数下的仿真结果。由图 7.11(a)可以看出,电网公司对惩罚系数

非常敏感。惩罚系数越高,电网公司达到稳定的速度越快。当惩罚系数较小时,电网公司策略选择的演化速度较慢,最终也没有完全稳定至1;而当惩罚系数特别高时,电网公司的状态变化是十分迅速的,从第20个月后就稳定为1。同样,由图7.11(b)可知,惩罚系数越高,监管者的演化越快。但需要注意的是,增大惩罚系数也会增大前期监管者的监管压力。

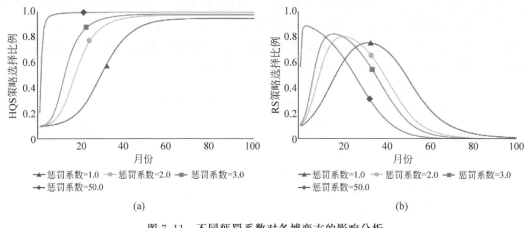

图 7.11 不同惩罚系数对各博弈方的影响分析
(a) 电网公司的策略选择;(b) 监管者的策略选择

7.4 面向"政企网"协同的绿证交易和电价补贴政策建议与管理策略

7.4.1 主要结论

FIT 向 RPS 政策的演变是为了促进中国实现碳达峰和碳中和的目标。在政策演化过程中,电力系统的稳定性和各方的演化结果值得研究。本研究首先进行准自然实验,分别分析补贴退坡和配额制对可再生能源发展的影响;其次建立绿电企业、电网公司和监管机构三方演化博弈模型。通过对演化博弈模型的分析,得到各主体之间的利益关系和演化方程;接着利用系统动力学模型对主要参数的灵敏度进行仿真分析;最后,得出以下主要结论。

通过对 2015—2019 年省级可再生能源发展的趋势进行分析发现,FIT 补贴退坡会带来省级层面可再生能源的发展减速,配额制带来的绿证交易市场会带来省级层面可再生能源的发展增速。

从对不同系统初始状态的仿真分析可以看出,考虑到环境、经济效益、绿电消纳等因素,RPS 可以取代 FIT 成为主要的可再生能源政策。然而在尚未完全取消绿电上网电价补贴的情况下,TGC 市场的引入应有秩序地进行。

通过分析,本研究发现在绿证交易市场的初始阶段要求大多数绿电企业参与 TGC 交易可能引起市场混乱。模型仿真结果表明,TGC 交易开始时参与比例为 0.5,稳定后约为 0.92。但是,如果 TGC 交易的初始参与率为 0.1,则稳定后的参与率为 1。

加快补贴退坡速度是促进绿电企业参与 TGC 交易的有效手段。FIT 补贴下降速度越快或 RPS 配额增加速度越快,电力市场稳定的速度越快。如果提高了 RPS 配额的增长速率,监管机构需要在后期保持较高的监管比例。可再生能源电力越快达到平价上网,越有利于电网企业采取高配额完成策略,降低政府的监管压力。

在 RPS 政策中设置惩罚机制和激励机制是十分必要的。对激励系数和惩罚系数敏感性分析的结果表明,激励和惩罚机制能够促进系统更快地达到稳定。但可以看出,电网企业对激励系数的变化并不敏感。同样值得注意的是,惩罚系数越高,市场状态变化越剧烈,需要的政府监管程度越高。

7.4.2 政策建议

基于以上研究结论,本研究得出以下政策启示。

对于可再生能源企业:FIT 补贴机制即将在中国取消,因此为进入 TGC 市场做好准备是非常重要的。中国的绿证认购平台已经投入运营,建议所有绿电企业提前了解 TGC 的申请和销售过程。本研究建议可再生能源企业也增加对可再生能源的研发投资,以降低可再生电力的生产和上网成本。尽快实现电力的完全平价,有助于我国整个电力系统的发展。

对于电网企业:中国已制定 2030 年达到碳排放峰值、2060 年达到碳中和的目标。在这一目标要求下,中国将有越来越多的发电量来自可再生能源。电网公司满足政府规定的 RPS 配额要求通常在经济上是有益的。因此,电网企业也应加大对可再生能源电力上网技术的研发投入,并可以与绿电企业合作。同时,电网公司需要优化电力调度,增加绿电消纳,缓解绿色电力的"弃电"问题。

对于政府:建议在全国范围内逐步实施 RPS 政策,包括两层含义:首先,初始要求绿电企业参与 TGC 交易的比例不能过大;其次,RPS 配额的增长速度不应设置过快。这样国家电力系统的演进过程才能稳定。本研究建议建立实施 RPS 政策的试点城市或省份,并逐步在全国推广。

对于 RPS 配额制定合理的惩罚和激励机制是政府必须做的。过度的激励会导致效率低下,过度的惩罚会导致市场不稳定和较高的监管压力。另外,政府应加大对绿电发电企业和电网企业的研发支持,以对国家的环境、经济和能源结构发挥积极作用。

第8章

碳排放权交易与绿色电力证书
交易的协同效应研究

第7和8章在前面章节研究的基础上,更深入地探讨碳排放与其他减排交易政策的协同效应。第7章聚焦碳排放权交易与绿色电力证书交易的协同效应;第8章进一步针对碳排放权交易、绿色电力证书与电价补贴机制的协同效应展开研究。

8.1 碳排放权交易与绿色电力证书交易的协同问题分析

8.1.1 研究背景

近几十年来,随着经济的发展、人口的增加、社会生活水平的提高,人类对能源的需求正在以惊人的速度增长,化石能源作为世界能源舞台的主角,被大量开发和利用,由此带来的环境问题日益突出,温室效应问题已对人类的生产与生活产生了不容忽视的影响,控制各种温室气体尤其是二氧化碳的排放成为亟待解决的问题。1997 年 12 月,联合国在日本京都召开了《联合国气候变化框架公约》缔约国会议,此次大会的主要目的是抑制全球气候变暖,大会决定通过限制发达国家温室气体排放量的手段改善全球气候环境,形成的决议被称为《京都议定书》,该议定书中提出了包括碳排放权交易机制(Carbon Emissions Trading,CET)在内的三项碳排放减排机制。碳排放权交易机制是指将二氧化碳的排放权商品化,形成对二氧化碳排放权的交易市场,这种交易目前已成为有效降低碳排放的重要工具。同时,世界各国将能源利用的焦点逐渐转向提高利用能源的效率及发展清洁的可再生能源,众多发达国家如美国、德国及英国等已经非常重视发展可再生能源,将其提高到国家能源战略发展的高度,大力发展使用清洁能源。同时,在这些欧美国家的能源利用结构中,太阳能、风能等可再生能源所占的比例逐年上升,在总体能源的使用结构中也占有越来越大的比例。从 20 世纪末开始,可再生能源配额制(Renewable Portfolio Standard,RPS)和绿色电力证书交易机制(Tradable Green Certificate,TGC)逐渐在美国、英国等国家推行。欧美国家推动以上环境保护政策的进度始终位于世界前列,尤其是在实施绿色电力证书交易机制和碳排放权交易机制方面,它们已经拥有一系列完整成熟的交易规则。并且自碳排放权交易机制和绿色电力证书交易机制实施以来,欧美等发达国家的碳排放权交易量、成交额和可再生能源量逐渐上升,制度实施成效显著。

作为世界上最大的发展中国家,我国的经济发展水平越来越高,城市化进程越来越快,温室气体排放量也在逐年增长。中国碳排放量 2013 年就超过了美国和欧盟的碳排放量之和,占全球碳排放总量的近 30%,中国的温室气体排放和减排正受到全球范围的广泛关注。我国正面临改变能源结构、提高能源使用效率的重大问题。

作为一个负责任的发展中大国,中国作出了一系列旨在减少碳排放、优化人类生产生活环境的承诺。2009 年,在哥本哈根世界气候大会召开前夕,中国作出到 2020 年单位国内生产总值二氧化碳排放强度比 2005 年降低 40%～45% 的承诺。2014 年 11 月 12 日,在中美共同发表的《中美气候变化联合声明》中,我国提出将力争温室气体排放量 2030 年达到峰值并开始减少的目标。2016 年 11 月,国家能源局发布的《电力发展"十三五"规划》提出,"2020、2030 年非化石能源消耗比重要分别达到 15% 和 20% 左右,未来煤电要继续为非化石能源发展腾出空间"。然而,从目前我国的具体发展情况看,我国电力行业的二氧化碳排放量占二氧化碳总排放量的 40% 左右,传统火力发电能源电力装机容量占 60% 以上,火力发电量占总发电量的比例达到 70% 以上,所以,中国要实现承诺的碳减排目标还存在较大的差距。中国的电力行业虽然面临着巨大的碳减排压力,但也有巨大的减排空间和减排潜力,改善发电能源结构和优化机组运行是降低电力行业碳排放量的必由之路。

为实现以上承诺,努力实现可持续发展和节能减排的目标,中国政府相继实施了一系列有关碳排放权交易和绿证交易的政策。2011 年 10 月,国家发改委出台《关于开展碳排放权交易试点工作的通知》,初步在我国北京、上海、重庆、天津、深圳、湖北和广东 7 座城市进行碳排放权交易试点,这代表着碳排放权交易机制开始在中国推行。2016 年 10 月,国务院发布《"十三五"控制温室气体排放工作方案》,并提出全国性的碳排放权交易市场将于 2017 年开启。2017 年 1 月国家能源局出台的《关于试行可再生能源绿色电力证书核发及自愿认购交易制度的通知》提出,2018 年拟开展可再生能源配额考核和绿色电力证书强制约束交易。2018 年 3 月、9 月和 11 月国家能源局三次发布《可再生能源电力配额制征求意见稿》,并在 11 月的征求意见稿中指出我国于 2019 年 1 月 1 日起正式实施配额考核。以上文件的发布标志着中国电力行业将实行碳排放权交易机制与绿色电力证书交易机制相继开展实施的发展机制,多种交易模式协调并存、电力商品和场外衍生品并存、多样性市场将成为我国电力市场的新特点。

8.1.2　研究意义

我国借鉴国外电力改革经验,为实现优化电力能源结构、节能减排的目标积极推进电力体制改革,不断推进改革进程,全国碳排放权交易机制和可再生能源绿色电力证书交易机制两大政策是中国电力市场改革道路上不可或缺的手段。本研究在参考国外一些发达国家在实施碳排放权交易机制和可再生能源绿色电力证书交易机制实施经验的基础上,结合中国电力行业当前特有的发展政策特点,研究两种市场机制对我国经济、自然环境的交互作用,该研究是对我国现有能源资源配置进行优化的过程,对于我国实现可持续发展目标,实现低碳、环保、节能的发展模式具有重要的现实借鉴意义和政策参考价值。

8.2 碳排放权交易与绿色电力证书交易市场仿真模型的建立

本研究中的复杂系统可分为三个部分：TGC 市场模型、CET 市场模型和电力市场模型。在 CET 市场和 TGC 市场实施之前，发电企业(火电企业和绿电企业)只能从电力市场交易中获利。CET 市场实施后，火电企业将从碳排放权交易中获得额外收入。但是，如果火电企业的碳排放量超过配额，可能蒙受损失，因此他们将减少对传统能源发电的投资。实施 TGC 后，绿电企业可以从绿色电力证书交易中获得额外收益。因此，绿色电力供应方将更重视绿色电力投资。

8.2.1 模型假设

本章对模型提出的假设及相应参数设定如下。

为简化模型，设定清晰的边界，假设可再生能源发电企业是市场中唯一的绿色电力证书供应方；根据国家能源局《可再生能源电力配额制征求意见稿》，绿色电力证书的有效期为一年，且可再生能源电力企业每生产一兆瓦时电力，政府监管部门向其核发一枚绿色电力证书。

不同的可再生能源发电不做区分。由于可再生能源与传统化石能源生产出的电力没有本质上的区别，因此认为火力发电企业与可再生能源发电企业同为电力供应方，且两者生产的电力可在电力市场中形成统一的上网电价。

为抑制 TGC 价格和 CET 价格的大幅波动，促进电力市场的稳定发展，政府需要设置 TGC、CET 和电价的上下限。根据可再生能源电力和传统能源电力的发电成本差异，假定绿色电力证书的初始价格为火电价格与绿电价格之差，为 250 元/兆瓦时(0.25 元/千瓦时)。绿证价格的上限设置为初始价格的两倍，为 500 元/兆瓦时(0.5 元/千瓦时)，下限设置为 100 元/兆瓦时(0.1 元/千瓦时)。根据国家 7 个试点城市近年来的碳排放配额成交记录，设置碳排放权证书价格的上下限为 0~500 元/兆瓦时。

GDP、电力需求分别以一定的预测速度增长。GDP 和电力需求作为国民经济生活中的基础性数据，近年来一直保持相对稳定的发展趋势，因此本研究用线性函数进行预测。

为便于说明系统运作机理，本研究不考虑经济危机、通货膨胀及贸易保护等因素。

8.2.2 各市场建模分析

1. 碳排放权交易市场

图 8.1 为 CET 市场系统因果回路图，共包含三个负反馈回路。

1) CET 价格→(一)电价→(一)电力需求→(＋)CET 供应量→(一)CET 价格

碳排放权价格的提高会使电价下降，电价的降低带来更大电力需求，从而带来 CET 供应量的增加，最终导致碳排放权价格的下降。

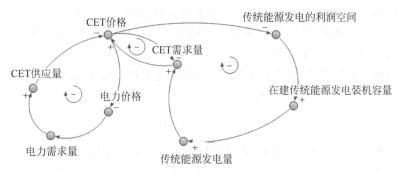

图 8.1　CET 市场系统因果回路图

2）CET 价格→（－）传统能源发电利润空间→（＋）传统能源发电在建装机容量→（＋）传统能源发电量→（＋）CET 需求量→（＋）CET 价格

碳排放权价格的提高会给火电发电企业带来更大的发展压力，传统能源发电利润空间随之下降，发电企业会减少对传统能源发电的投资，传统能源发电在建装机容量将降低，传统能源发电量也相对减少，企业对碳排放权的需求减少，最终带来 CET 价格的下降。

3）CET 价格→（－）CET 需求→（＋）CET 价格

碳排放权价格的提高会使企业的碳排放权需求减少，CET 需求的减少会对碳排放权的价格带来负面影响。

在因果回路图的基础上，建立 CET 市场的存量流量图，如图 8.2 所示。

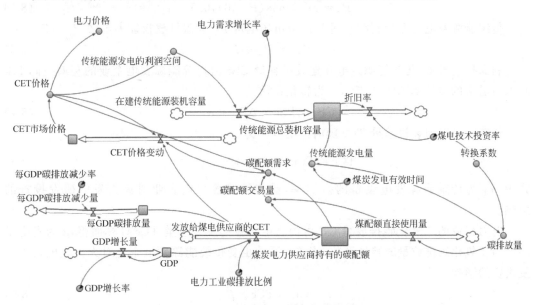

图 8.2　CET 市场系统存量流量图

图 8.2 中的状态变量包括 GDP、GDP 减排量、发电企业持有的碳配额、传统能源发电装机总量、CET 市场价格。流量即速率变量包括 GDP 增长量、单位 GDP 二氧化碳减排量、发放给企业的碳排放权总量（CET 供应量）、碳排放权直接使用量、碳排放权价格变化量、传统能源在建装机量、折旧。动态变量包括碳排放权交易量、碳排放量、转换因子、传统能源发电

量、碳排放权需求、碳排放权价格、电价、传统能源发电利润空间。外生参数包括 GDP 增长率、单位 GDP 二氧化碳减排率、电力企业碳排放量所占比例、火力发电有效时间、火电发电科技研发投资率、电力需求增长率。

政府监管部门根据历史数据及经济发展状况设定碳排放权交易配额总量：

$$\Delta \text{GDP} = \text{GDP} \times \mu\text{GDP} \tag{8-1}$$

$$\text{GDP} = \overline{\text{GDP}} + \int \Delta \text{GDP} \mathrm{d}t \tag{8-2}$$

式中，GDP 为国内生产总值；ΔGDP 表示 GDP 的增长量；μGDP 表示 GDP 的增长速率；$\overline{\text{GDP}}$ 表示仿真初始时期的 GDP 总量。S_{CET} 表示政府分配给企业的碳配额总量，CEPG 表示单位 GDP 二氧化碳排放量，PEI 表示电力行业二氧化碳排放量占总排放量的比例，本研究中取 40%。

碳排放权证书价格的变化 ΔP_c 由政府分配到企业的碳配额总量 S_c 和企业对碳排放权证书的需求 D_c 决定：

$$\Delta P_c = P_c \times (D_c - S_c) \div S_c \tag{8-3}$$

由于政府对碳排放权市场的管控，限制碳排放权证书价格的大幅波动，碳排放权证书的原始价格 P_{oc} 被限制在 0～500 元/兆瓦时，$\overline{P_{oc}}$ 为仿真时初始时期的 P_{oc} 值，因此最终的 CET 价格 P_c 为

$$P_{oc} = \overline{P_{oc}} + \int \Delta P_c \mathrm{d}t \tag{8-4}$$

$$P_c = \min(\max(P_{oc}, 0), 0.5) \tag{8-5}$$

传统能源发电企业的利润空间 PSc 由市场电价 P_e 和碳排放权证书价格 P_c 决定：

$$\text{PSc} = P_e \div P_c \tag{8-6}$$

利润拉动投资，传统能源发电在建装机容量 CBc 由传统能源发电企业的利润空间 PSc 和电力需求的增长率 ΔD_e 决定，α_1 为转化系数：

$$\text{CBc} = \text{PSc} \times \Delta D_e \times \alpha_1 \tag{8-7}$$

传统能源电力装机总量 TCc 随时间的变化为

$$\text{TCc} = \text{TCco} + \int (\text{CBc} - x_1) \mathrm{d}t \tag{8-8}$$

式中，x_1 为传统能源发电设备的折旧率，受传统能源发电企业对火力发电研发投资的影响。

电力行业的二氧化碳排放量 CE 可由火电企业的发电总量 TCc 计算而得，β 为发电量转换为二氧化碳排放量的转换系数，该转换系数也受传统能源发电企业对火力发电技术研发投资的影响。

$$\text{CE} = \text{TCc} \times \beta \tag{8-9}$$

2. 绿色电力证书交易市场

绿色电力证书交易市场共包含以下三个负反馈回路。

1) TGC 价格→（+）可再生能源发电的利润空间→（+）可再生能源发电在建装机容量→（+）可再生能源发电总量→（+）政府核发给企业的 TGC 量→（+）TGC 供应量→（－）TGC 价格

绿证价格的上涨会给绿电企业带来更大的利润,这会驱使更多的电力企业投资可再生能源发电,可再生能源发电在建装机容量的逐渐增加会带来可再生能源发电量的增加,因此政府监管部门会给绿电企业核发更多绿证,绿色电力证书数量的增加最终会给绿证价格带来负面影响。

2) TGC 价格→(＋)TGC 供应量→(－)TGC 价格

绿证价格的提高会使绿电企业销售更多的绿证,TGC 供应量的增加也会使 TGC 价格走低。

3) TGC 价格→(＋)电力价格→(－)电力需求→(＋)TGC 价格

TGC 价格的提高会导致电力价格相应提高,这会相对减少社会对电力的需求,进而减少对绿色电力证书的需求,最终对 TGC 的价格带来负面影响。

根据因果回路图(图 8.3),作出 TGC 市场系统存量流量图,如图 8.4 所示,该存量流量图中状态变量包括 RPS 标准、绿电企业持有的绿证、可再生能源电力装机总量、TGC 市场价格。流量即速率变量包括核发给绿电企业的绿证量、绿证供应量、可再生能源在建装机总量、折旧、TGC 价格变化量。动态变量包括电力需求量、绿证需求量、绿证价格、绿证价格对绿证供应量的影响、电价、可再生能源发电的利润空间。外生参数包括 RPS 配额增长速率、绿电科技研发的投资率、绿证过期率等。

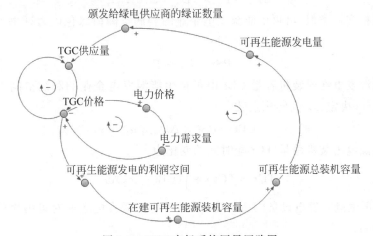

图 8.3　TGC 市场系统因果回路图

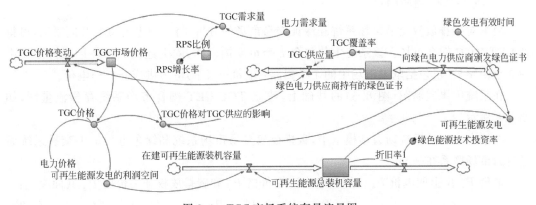

图 8.4　TGC 市场系统存量流量图

政府根据可再生能源电力企业实际生产的绿电总量向其核发绿证,为维护市场稳定,可再生能源电力企业会持有一部分绿证,并将剩余绿证进行出售。设政府向可再生能源发电企业核发的绿证数量为 S_g,电网公司对于绿证的需求量 D_t 由当年的电力需求量 D_e 和可再生能源配额标准 RPS 决定:

$$D_t = D_e \times RPS \tag{8-10}$$

$$eTS = S_g \times P_t \div P_{ot} \tag{8-11}$$

$$T = delay(S_g, 12) \tag{8-12}$$

$$S_t = max(eTS, T) \tag{8-13}$$

绿色电力证书的供应量 S_t 由绿色电力证书价格对供应量的影响 eTS 和有效绿证量 T 决定。其中,P_t 为绿色电力证书的价格;P_{ot} 为绿色电力证书的原始价格。P_t 由政府监管部门对 P_{ot} 进行价格管制后所得,$\overline{P_{ot}}$ 是仿真初始时期的 P_{ot} 的值:

$$P_{ot} = \overline{P_{ot}} + \int \Delta P_t dt \tag{8-14}$$

$$P_t = min(max(P_{ot}, 0.1), 0.5) \tag{8-15}$$

绿色电力证书价格的变化 ΔP_t 主要由绿证的需求量和绿证的供应量共同决定:

$$\Delta P_t = P_t \times (D_t - S_t) \div S_t \tag{8-16}$$

与碳排放权交易类似,可再生能源发电企业的利润空间由绿色电力证书的价格和市场电价决定:

$$PSt = P_t \div P_e \tag{8-17}$$

可再生能源发电在建装机容量 CBt 由可再生能源发电企业的利润空间 PSt 和电力需求的增长率 ΔD_e 决定,α_2 为转化系数:

$$CBt = PSt \times \Delta D_e \times \alpha_2 \tag{8-18}$$

可再生能源电力装机总量 TCt 随时间的变化为

$$TCt = TCto + \int (CBt - x_2) dt \tag{8-19}$$

式中,x_2 为可再生能源发电设备的折旧率,受可再生能源发电企业对可再生能源发电技术研发投资的影响。

3. CET-TGC 耦合市场

根据对碳排放权交易市场系统和绿证交易市场的分析,将其与电力市场共同联系,可得到 CET-TGC 耦合市场。该系统中共包含 7 个负反馈回路,除上述两个市场因果回路图中的 6 个回路外,还包括电力市场中的 1 个回路:电价→(+)电力供应→(-)电价。

在系统因果回路图(图 8.5)的基础上,建立 TGC-CET 耦合市场系统存量流量图,如图 8.6 所示。

在耦合市场的系统动力学模型中,碳排放权交易市场系统和绿色电力证书交易系统通过电力市场联系在一起。

电价 P_e 由上网电价 P_{me}、绿色电力证书价格 P_t 和碳排放权证书价格 P_c 共同决定:

$$P_e = P_{me} + P_t - P_c \tag{8-20}$$

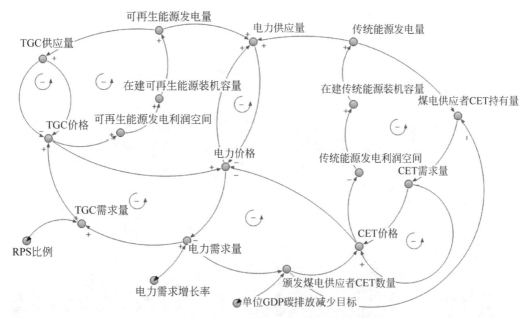

图 8.5　TGC-CET 耦合市场系统因果回路图

电力供应量 S_e 由两部分组成,即传统能源发电总量 G_c 和可再生能源发电总量 G_t:

$$G_c = \text{TCc} \times t_1 \tag{8-21}$$

$$G_t = \text{TCt} \times t_2 \tag{8-22}$$

$$S_e = (1 - \text{loss}) \times (G_c + G_t) \tag{8-23}$$

式中,TCc、TCt 分别为传统能源与可再生能源电力装机容量,t_1、t_2 分别为两种能源发电的有效发电时间,loss 为电力线损率。

上网电价的变化 ΔP_{me} 取决于过量的电力需求 ESe、电力供应量 S_e:

$$\text{ESe} = (D_e - S_e) \times gP_e \div P_e \tag{8-24}$$

$$\Delta P_{me} = \text{ESe} \div S_e \tag{8-25}$$

式中,gP_e 为政府参考上网电价。

上网电价 P_{me} 为

$$P_{me} = \overline{P_{me}} + \int \Delta P_{me} \mathrm{d}t \tag{8-26}$$

模型的主要参数如表 8.1 所示,在建模过程中,状态变量的初始数据主要来自国家统计局、国家能源局、中国碳排放权交易网、参考文献及新闻等。

表 8.1 的参数中,GDP 增长率表示国内生产总值随时间的增长速率,我国 GDP 近年来始终保持较稳定的增长态势,可由国家统计局数据计算得到。

单位 GDP 碳减排率表示我国单位 GDP 二氧化碳排放量随时间的递减速率,我国的整体目标为到 2020 年单位国内生产总值二氧化碳排放将比 2005 年下降 40%～45%。

电力企业碳排放比例表示我国电力行业生产过程中的二氧化碳排放量占全国总排放量的比例,我国电力企业作为全国二氧化碳排放的主要贡献者之一,其排放量占全国的 40%～50%,本研究中取 40%。

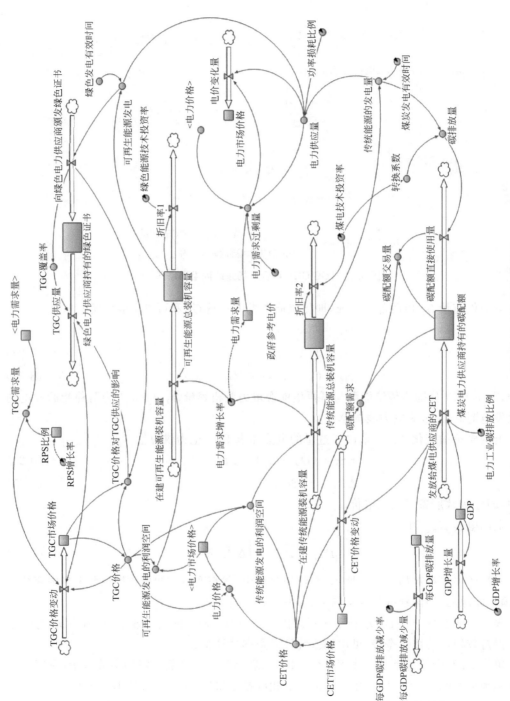

图 8.6 TGC-CET 耦合市场系统存量流量图

表 8.1 模型的主要参数

主 要 参 数	单位	符号	公式或出处
GDP 增长率	Dmnl	μ_{GDP}	外生数据,国家统计局
单位 GDP 碳减排率	Dmnl	μ_{EG}	外生数据,国家统计局
电力企业碳排放比例	Dmnl	PEI	外生数据,参考文献
RPS 配额增长速率	Dmnl	x	外生数据,国家能源局
电网线损率	Dmnl	$loss$	外生数据,参考文献
火电科技研发投资率	Dmnl	y_1	外生数据,参考文献
绿电科技研发投资率	Dmnl	y_2	外生数据,参考文献
火电有效发电时间	小时	t_1	外生数据,国家统计局
绿电有效发电时间	小时	t_2	外生数据,国家统计局

RPS 配额增长速率表示可再生能源配额制标准随时间的增长速度,代表国家监管部门实施可再生能源配额制的积极程度,根据国家能源局出台的《可再生能源电力配额制征求意见稿》第三版对 2018 年、2019 年各省份标准的设定,可得国家目前 RPS 政策标准的增长速率。

电网线损率指电力生产出来在运输过程中产生损耗的比例,根据相关文献,本研究取 10%。

火电科技研发投资率和绿电科技研发投资率表示国家电力行业对传统化石能源发电和可再生能源发电的长期发展策略,火电科技研发投资影响着火力发电设备的折旧率及火力发电产生二氧化碳排放量的转换系数;绿电科技研发投资影响可再生能源发电设备的折旧率,对两种发电方式的不同研发投资率会影响电力企业今后发展的利润空间,也会给国家自然环境带来不同影响。

火电有效发电时间和绿电有效发电时间是指传统能源发电设备和可再生能源发电设备的全年有效发电小时数,此参数可由国家统计局往年的不同能源发电总量与不同能源的装机总量计算而得。

8.3 碳排放权交易与绿色电力证书交易市场仿真结果分析

8.3.1 模型检验

本研究选取典型 CET 试点城市上海进行检验,并选取 GDP、电力装机总量和电力需求作为检验变量。检验结果如表 8.2 所示。可以看到,三个变量仿真的最大绝对误差分别为 4.75%、3.14% 和 6.13%,均小于 7%;平均绝对误差分别为 1.92%、1.48% 和 2.09%,均小于 3%。这些都小于一般系统动力学模型的允许误差 15%,因此认为模型行为与现实系统行为的趋势基本一致,可用于仿真调控。结果表明,该仿真模型可以有效反映电力企业交易系统中的变化规律和联系。

表 8.2　模型有效性检验结果

年份	GDP			电力装机容量			电力需求		
	仿真值	真实值	误差/%	仿真值	真实值	误差/%	仿真值	真实值	误差/%
2013	2.226	2.226	0.01	2.162	2.16	0.09	1410.61	1394.05	1.17
2014	2.406	2.382	1.01	2.184	2.21	1.21	1369.03	1452.93	6.13
2015	2.564	2.549	0.62	2.344	2.27	3.14	1405.55	1410.1	0.32
2016	2.818	2.727	3.23	2.371	2.32	2.14	1486.02	1447.72	2.58
2017	3.063	2.918	4.75	2.400	2.38	0.82	1526.77	1530.6	0.25
平均误差/%		1.92			1.48				2.09

8.3.2　情景设定

本研究的主要目的是观察在碳排放权交易市场和绿色电力证书交易市场共同实施的情况下,两种市场对我国电力企业、电力市场及自然环境带来的影响,并研究不同积极程度的 RPS 政策对以上指标的影响,分析两种政策下电力企业的不同发展策略带来的影响。

在 TGC-CET 耦合市场的系统动力学模型中,RPS 配额增长速率的大小可代表政府监管部门实施可再生能源配额制政策的积极程度。绿电技术研发投资率、火电技术研发投资率的变化表示电力企业的不同发展策略。

为分析碳排放权交易市场和绿色电力证书交易市场的影响,首先设置 BAU 情景及标准情景 S0,BAU 情景为不实施碳排放权交易市场和绿色电力证书交易市场的情景。在 S0 中,按照最新国家政策将 RPS 配额增长速率、绿电技术研发投资率、火电技术研发投资率设置为标准水平。

为分析政府监管部门实施可再生能源配额制政策的积极程度带来的影响,设置 A1～A3 情景代表不同的 RPS 配额增长速率水平,其他变量的大小与 S0 中相同。

为分析电力企业不同发展策略带来的影响,分别设置两组情景:B1～B3 情景具有不同的绿电技术研发投资率水平,C1～C3 情景具有不同的火电技术研发投资率水平,每组情景中的其他变量均不变,与 S0 保持一致。具体的情景设定标准如表 8.3 所示。

表 8.3　情景设定标准

变　　量	情景	情 景 设 定		
		补贴减少率	绿电技术研发投资率	火电技术研发投资率
基准情景	BAU	0	0	0
标准情景	S0	0.005	0.65	0.55
平价上网情景	P	0.004	0.65	0.55
RPS 配额增长速率的影响	A1	0.0052	0.65	0.55
	A2	0.0065	0.65	0.55
	A3	0.005	0.6	0.55
绿电技术研发投资率的影响	B1	0.005	0.66	0.55
	B2	0.005	0.72	0.55
	B3	0.005	0.65	0.5

续表

变　　量	情景	情 景 设 定		
		补贴减少率	绿电技术研发投资率	火电技术研发投资率
	C1	0.005	0.65	0.56
火电技术研发投资率的影响	C2	0.005	0.65	0.6
	C3	0	0	0

8.3.3　结果分析

1. TGC 市场和 CET 市场的耦合影响

首先,以 S0 为基础,分析 TGC 和 CET 共同实施对市场和环境的影响。

图 8.7 为绿电及火电企业的利润空间和在建装机容量的变化。可以看到,2019—2020 年,可再生能源发电的利润空间略微下降。这是因为为减小对电力市场的冲击,在 TGC 和 CET 市场的初始实施阶段,政府政策会相对宽松。因火力发电发电成本低,生产技术成熟,初期利润空间较大。随着 RPS 标准的逐步提高,火力发电的成本也将随之提高,同时绿电企业可获得的绿证交易的利润逐渐增加。因此,2020 年以后,可再生能源发电的利润空间逐步增大,而传统能源发电的利润空间减小。利润驱动投资,可再生能源发电装机总量和传统能源发电装机总量的发展趋势均与绿电和火电的利润空间相似。

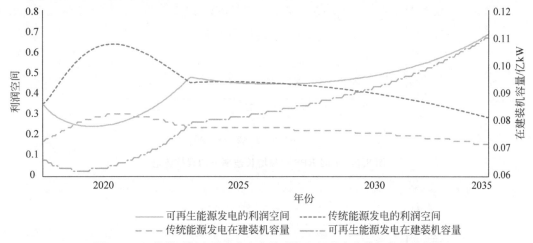

图 8.7　S0 情景下绿电及火电企业的利润空间和在建装机容量的变化

由图 8.8 可以看到实施 TGC 和 CET 市场后,碳排放量将经历上升—稳定—下降三个阶段,碳排放量的峰值出现在 2028 年前后。可再生能源发电量的占比逐年增加。

由此可以看出,TGC 和 CET 市场的实施有助于实现节能减排目标,优化供电结构。火电企业未来将面临更大的压力,需要向更清洁的发电方式转变。在 TGC 和 CET 市场下,中国 2030 年达到碳排放峰值并开始减排的目标也将提前实现。

2. 实施 RPS 政策积极程度的影响分析

图 8.9 和图 8.10 为不同 RPS 配额增长速率下的碳排放量和发电能源结构。从情景

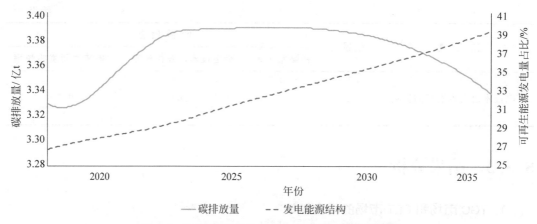

图 8.8　S0 情景下碳排放量和发电能源结构的变化

A1～A3,RPS 的增长速度越来越快,这意味着政府制定的 RPS 标准越来越严格。仿真结果表明,碳排放速率的提高将促进碳减排和能源结构的优化。也可以发现,在 A1～A3 三种情景下,中国碳排放达到峰值的时间基本相同。这表明实施积极的 RPS 政策可以减少碳排放,但对提前中国碳排放量达到峰值时间的作用并不明显。

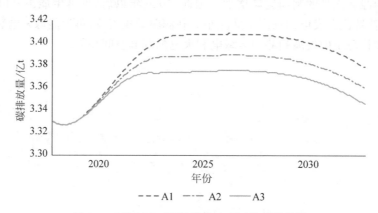

图 8.9　不同 RPS 配额增长速率下的碳排放量

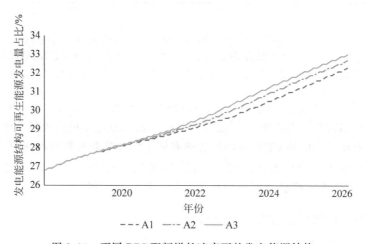

图 8.10　不同 RPS 配额增长速率下的发电能源结构

3．电力企业不同发展策略的影响分析

1）对绿电科技的投资率分析

图 8.11 和图 8.12 为不同绿电科技投资率下的碳排放量和发电能源结构。绿色电力技术研发投资主要影响发电设备的使用寿命，在模型中通过设备折旧率反映出来。绿色电力技术投资率越高，设备使用寿命越长，折旧率越低。

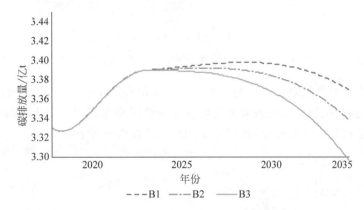

图 8.11　不同绿电科技投资率下的碳排放量

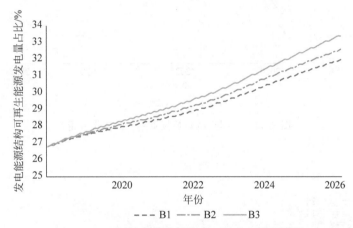

图 8.12　不同绿电科技投资率下的发电能源结构

由图 8.11 可以看出，绿电技术研发投资比例的提高对前 5 年碳减排的促进作用不大，这是因为提高设备使用寿命的效果要经过一段时间才能显现。2025 年后，绿色电力技术投资的作用逐步显现，随着投资比例的增加，碳排放明显下降。此外，我们发现，绿色发电技术的投资对中国碳排放提前达到峰值起到了更重要的作用。

由图 8.12 可以看出，绿色电力技术投资比例的提高有助于增加可再生能源的发电量，促进发电能源结构的优化。

图 8.13 为 B1～B3 情景下绿电企业利润空间的差异。可以看到，未来绿色电力技术研发投资率的提高可以给绿电企业带来更多的利润。

2）对火电科技的投资率分析

图 8.14～图 8.16 分别为不同火电科技投资率下的碳排放量、发电能源结构和绿电企

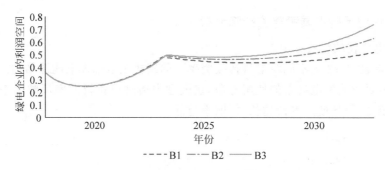

图 8.13　B1～B3 情景下绿电企业利润空间的差异

业利润空间。火电科技投资主要影响发电设备的使用寿命和单位发电量的碳排放量。模型中,折旧率 2 和换算系数分别代表火力发电设备的使用寿命和产生 1 千瓦时电力的碳排放水平。随着火电科技投入的增加,折旧率 2 和换算系数均有所下降。

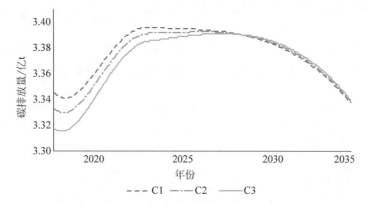

图 8.14　不同火电科技投资率下的碳排放量

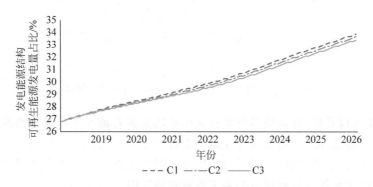

图 8.15　不同火电科技投资率下的发电能源结构

　　由图 8.14 可以看出,投资率的提高一开始就会对碳减排产生积极的影响,但是随着时间的推移,这种促进作用越来越弱。这是因为前几年,二氧化碳排放量的减少将直接由投资利率提高带来的转换系数的降低引起。但由于设备的折旧率会在增加投资后下降,火力发电量相对增加,将导致碳排放量的相对增加。因此,提高投资率对碳减排的促进作用会随时间变得越来越弱。

由图 8.15 可以看出,火电技术研发投资率的提高会对优化供电结构产生一定的负面影响。

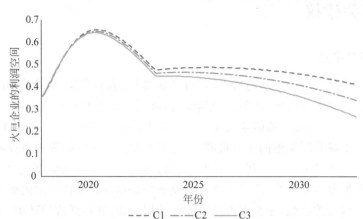

图 8.16 不同火电科技投资率下的绿电企业的利润空间

由图 8.16 可以看出,火电企业对火电科技投入的增加并不会扩大火电企业的利润空间。相反,更多的投资会给企业未来带来更大的发展困境。

8.4 碳排放权交易与绿色电力证书交易的协同政策建议

8.4.1 主要结论

为促进节能减排,优化能源产业结构,实现可持续发展的目标,中国已经作出以下承诺,"2020 年和 2030 年可再生能源电力消耗量占比达 15% 和 20%","到 2020 年单位国内生产总值二氧化碳排放量将比 2005 年下降 40%～45%"和"2030 年温室气体排放量达到峰值并开始减少"。中国先后实施了 TGC 和 CET 政策确保实现上述承诺。本研究建立了电力行业的 TGC-CET 仿真模型,分析了 TGC 和 CET 对电力企业和国家碳减排目标的耦合效应,得出以下主要结论。

(1) 在碳排放权交易市场和绿证交易市场共同实施的交易机制下,火力发电的利润空间总体会受到负面影响,这将导致火力发电装机总量有所下降。与此相反,可再生能源发电的利润空间和可再生能源发电装机总量未来将呈现上升趋势。

(2) TGC 与 CET 的共同实施可以促进碳减排目标和发电能源结构的优化,同时可以确保中国的碳排放量 2030 年前达到峰值并开始减少。可再生能源配额制政策实施越积极,对节能减排的促进作用越大。

(3) 对于电力企业来说,随着 TGC 和 CET 的共同实施,可再生能源发电企业未来发展的利润空间将更大。同时,提高可再生能源发电技术研发的投资比例,将有效提前碳排放达到峰值并开始减少的时间。

(4) 电力企业若加大对传统能源发电技术的研发投资,则会整体上给火力发电企业的利润空间带来负面影响,同样会给我国能源电力结构带来较小的负面作用,但会在一定程度上降低我国电力企业产生的碳排放量。

8.4.2 相关建议

1. 对于电力企业

中国电力企业具有自然垄断的特点,共有华能集团、大唐集团、华电集团、国电集团、中国电力投资集团五大发电集团,各集团规模庞大,都同时具有传统能源发电、可再生能源发电方式,因此选择合适的发展策略至关重要。根据上述结论,我国电力企业在碳排放权交易市场和绿证交易市场共同实施的交易机制下,应着重加大可再生能源发电技术的研发投资,该投资会给电力企业带来更大的利润空间。同时,为响应国家降低碳排放的目标,电力企业也应在改善火电发电排放系数、改善火力发电设备等技术方面保持一定的研发投资,降低生产单位千瓦时的碳排放系数,延长火力发电设备使用寿命,并起到改善环境的作用。

2. 对于政府监管部门

对于政府监管部门,首先要继续适当加大实施可再生能源配额制的力度,推动电力结构转型。其次要在资金、政策方面鼓励电力企业加大可再生能源发电技术研发投资,这对促进发电能源结构优化具有重要作用,是我国实现可持续发展战略的重要政策。

8.4.3 研究展望

本章虽然已获得一些有价值的结论与建议,但仍存在有待改进和完善的地方:在模型构建时,为简化模型,未考虑不同可再生能源发电的差异性,例如水力发电和风力发电之间的政策差异等,以及将电价市场化、为证书设置价格上下限等方面的假设。在今后的研究过程中,应考虑更多的现实政策及市场因素,例如电价补贴程度、国际市场交易等因素,以构建更精确科学的系统进行模型仿真,得到更有价值的结论与建议。

第9章

碳排放、绿色电力证书与电价补贴机制的协同效应研究

9.1　碳排放、绿色电力证书与电价补贴协同问题分析

9.1.1　研究背景

随着我国经济的快速发展,碳减排形势越发严峻。近年来,在"双碳"目标明确的大背景下,中国从减少碳排放和促进可再生能源电力发展两个方面同时发力,推出了碳排放权交易政策与绿色电力证书交易政策。在此之前,由于处于可再生能源发展起步阶段、经济水平较低,因此,中国实施的是较为稳妥的电价补贴政策。该政策于2013年正式启动,是迄今为止对可再生能源发电产业发展影响力度最大、影响范围最广的产业政策。

上网电价补贴的金额由政府招标确定或者直接公布指导价,通常取决于当时发电设施的造价、安装、运维使用成本,造价越高的能源补助相应越高,上网电价补贴的金额通常随着时间的推进、能源技术的革新提高、成本的下降而逐年减少。可再生能源是新兴产业,相比传统常规能源,其发展前期资本投入高、投资回收时间长、投资风险大、技术起源时间短、相对成本较高、自身盈利能力差,因此其电价不具有竞争优势,若无政府的政策扶持则无法与常规能源在市场经济条件下竞争,很难实现可持续发展。政府补贴有助于将可再生能源发电企业的外部效益内部化,使企业通过获得补贴政策有效弥补成本高的劣势,从而获得不逊于传统电力企业的市场竞争力,对经济发展新时期新旧能源的过渡起到一定的推进作用。此外,电价补贴政策可使可再生能源电力的竞争优势增强,吸引资本进入可再生能源行业,研究新技术、开发新产品、扩大可再生能源产能、不断降低度电成本,从而有效促进可再生能源行业快速发展,最终实现像传统化石能源一样便捷、高效。

近年来,在激励行业快速成长的同时,高昂的补贴成本也使政府财政不堪重负,可再生能源发展基金的缺口不断扩大,甚至带来了行业产能盲目扩张、技术进步缓慢的潜在恶果。随着《国家发展改革委关于完善风电上网电价政策的通知》和《国家发展改革委关于完善光

伏发电上网电价机制有关问题的通知》的发布,国家开始终止对陆上风力发电和光伏发电的电价补贴,最终目标是实现风电、光电、煤电同价。国内电网、电力企业也积极支持碳达峰、碳中和,采取多种措施,加速提质增效,应对补贴退坡的阵痛期。

而补贴的逐步退坡对可再生能源发电项目的工程造价、发电小时数、非技术成本等方面提出了更高的要求。据测算,按现行燃煤上网电价和发电利用小时数,陆上风电仅部分地区因投资成本低及当地燃煤上网电价较高可实现平价,海上风电项目去除补贴后平均比投资成本需下降30%以上才可实现自身收益还本付息。所以,在目前建设成本无法有效降低的情况下,补贴对于可再生能源发电项目的效益仍然影响巨大。RPS 和 TGC 的实施效果还未可知。补贴退坡也会是一个较为漫长的过程。

9.1.2　研究意义

为实现优化电力能源结构、节能减排的目标,我国积极推进电力体制改革,先后发布全国碳排放权交易机制和可再生能源绿色电力证书交易机制两大政策,进入电价补贴退坡时代。但由于可再生能源电力的特殊性,电价补贴仍将长期存在并产生较大影响。本研究结合中国电力行业当前特有的发展政策特点,研究三种电力市场相关政策对我国经济、自然环境的交互作用。该研究是对我国现有能源资源配置进行优化的过程,对于我国实现可持续发展目标,实现低碳、环保、节约的发展模式具有重要的现实借鉴意义和政策参考价值。

9.2　碳排放、绿色电力证书与电价补贴仿真模型的建立

本章在第 8 章研究的基础上,探讨碳排放权交易市场、绿证交易市场和电价补贴政策的耦合效应。为此使用第 8 章建立的碳排放权交易与绿色电力证书交易市场系统动力学仿真模型,增加仿真系统的第 4 个模块:电价补贴模块。

在电价补贴模块中,由于可再生能源电力的发电成本高于燃煤发电的成本,如果可再生能源电力采用与燃煤发电相同的上网电价,就会使可再生能源电力丧失市场竞争力。因此,政府根据全国可再生能源电力建设情况和度电成本,确定各类可再生能源电力的上网标杆电价,将可再生能源电力上网标杆电价与燃煤发电的上网电价的差值作为可再生能源电力的度电补贴,从而允许广大发电企业从可再生能源电力中获益,鼓励可再生能源电力的发展。

图 9.1 为电价补贴政策的系统因果回路图,共包含两个正反馈回路和一个负反馈回路。

(1) 绿电上网指导价→(+)电网企业收购价格→(+)补贴总额→(+)绿电企业利润→(+)绿电装机容量→(+)绿电发电成本→(+)绿电上网指导价

政府确立的绿电上网指导价和绿电上网标杆电价会直接影响电网企业收购可再生能源

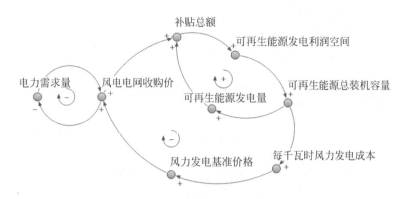

图 9.1　电价补贴政策的系统因果回路图

电力的价格,电网收购价格越高,企业获得的度电补贴和补贴总额越高,从而增加绿电企业利润,促使企业增加可再生能源电力装机容量。而装机容量的增加将提升可再生能源电力的发电成本。绿电上网电价由政府根据绿电发电成本制定,因此绿电发电成本的提高会影响绿电上网指导电价。

(2) 补贴总额→(+)绿电企业利润→(+)绿电装机容量→(+)绿电发电量→(+)补贴总额

政府对可再生能源电力的补贴会增加可再生能源电力企业的利润,使企业为获得更多补贴和收益而增加绿电装机容量,从而提高可再生能源电力的发电量,这样即使单位补贴额不变,企业也会获得过多的电价补贴。

(3) 电网企业收购价格→(-)电力需求量→(+)电网企业收购价格

电网企业的收购价格同样受到市场作用,即受到电力需求量的影响。电力需求量越大,电网企业的收购价格越高。

在因果回路图的基础上,建立电价补贴政策的存量流量图,如图 9.2 所示。该存量流量图中的状态变量包括可再生能源电力基准上网电价、可再生能源电力总装机容量、GDP。流量即速率变量包括 GDP 增长量、可再生能源电力基准上网电价减少量、可再生能源电力在建装机量、折旧。动态变量包括电网企业收购价格、可再生能源电力利润空间、可再生能源电力度电成本、可再生能源发电量、燃煤发电上网电价、可再生能源电力度电补贴、补贴总额。外生参数包括绿电科技研发的投资率、GDP 增速、燃煤发电基准价。

电价补贴政策主要与可再生能源电力的发展情况相关,并通过电力市场与碳排放权交易市场和绿证交易市场联系,得到 CET-TGC-电价补贴耦合的政策系统。

在因果回路图(图 9.3)的基础上,建立 TGC-CET-电价补贴耦合的存量流量图,如图 9.4 所示。

可再生能源电力包括风电、光伏、生物质等多种类型,每种可再生能源电力设置的补贴金额又根据各地禀赋资源的不同而不同。因此,为方便开展后续研究,本研究以江苏省风力

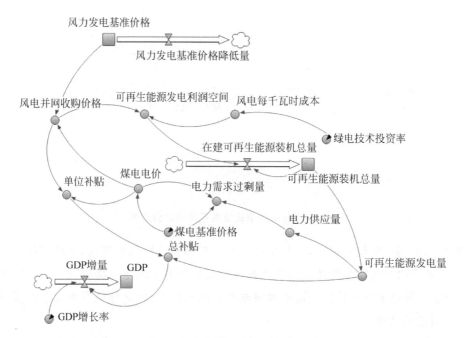

图 9.2　电价补贴政策的存量流量图

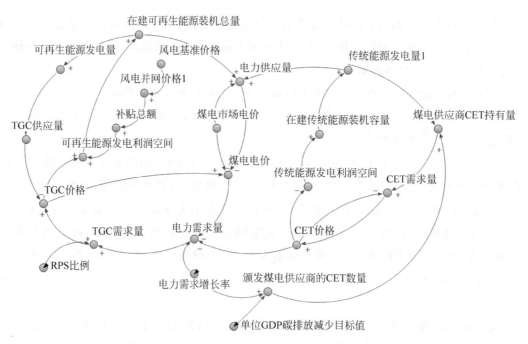

图 9.3　TGC-CET-电价补贴的因果回路图

发电的各项数据为例,对 CET-TGC-电价补贴耦合政策系统进行仿真和模拟。

模型的主要参数和变量如表 9.1 所示。

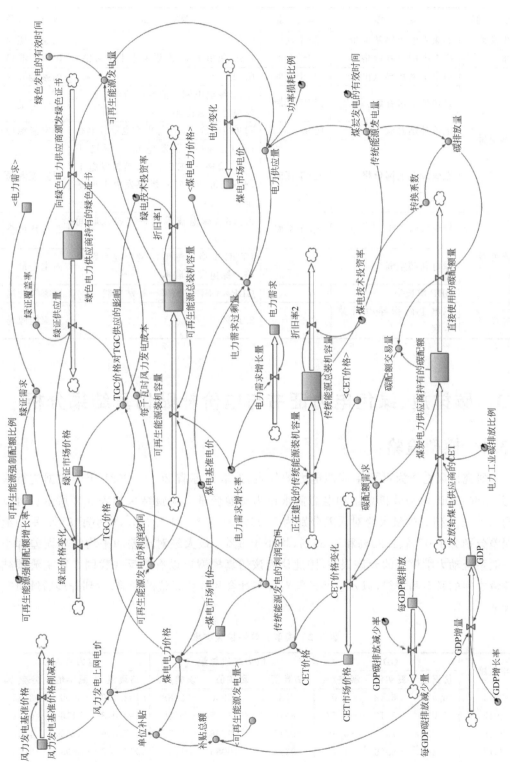

图 9.4　TGC-CET-电价补贴耦合的存量流量图

表 9.1　模型的主要参数和变量

类　型	变　量	单　位	参数/公式	数据来源
外生参数	燃煤发电上网基准价	元/千瓦时	0.391	国家能源局
变量	绿电电网收购价格	元/千瓦时	max(风电电价,燃煤发电上网价格)	国家能源局
状态变量	风电上网指导电价	元/千瓦时	0.61	国家能源局
	每单位电价补贴	元/千瓦时	max(绿电电网企业收购价格—燃煤发电上网电价,0)	内生变量
	电价补贴总额	亿元	每单位电价补贴×绿电发电量/10000	国家能源局
	燃煤发电上网价格	元/千瓦时	min(max(燃煤发电市场价格＋TGC 价格—CET 价格,燃煤发电上网基准价×0.85),燃煤发电上网基准价×1.1)	国家能源局
动态变量	绿电度电成本	元/千瓦时	98.18×绿电技术投资×投入时间—0.349	非线性拟合
	绿电利润空间	—	(TGC 价格＋绿电电网企业收购价格)/绿电度电成本	内生变量
	GDP 增长率	—	GDP×GSP 增长率—补贴总额	国家统计局
速率变量	风电上网指导电价减少率	—	2.14%	国家能源局

9.3　碳排放、绿色电力证书与电价补贴仿真结果分析

9.3.1　模型检验

本研究以风电作为可再生能源电力的代表,选取江苏省 2014—2021 年的数据进行检验,并选取 GDP、电力装机总量和电力需求作为检验变量。检验结果如表 9.2 所示。可以看到,3 个变量仿真的最大绝对误差分别为 7.02%、0.53% 和 7.61%,均小于 8%;平均绝对误差分别为 1.07%、1.99% 和 4.35%,均小于 5%。最大绝对误差和平均绝对误差都小于一般系统动力学模型的允许误差,因此认为该仿真模型可以有效反映我国 3 种主流碳减排政策之间的联系和规律,以及这些政策对经济社会和环境系统的影响,达到开展后续研究的标准。

表 9.2　模型有效性检验结果

年　度	GDP			电力装机总量			电力需求		
	仿真值	真实值	误差/%	仿真值	真实值	误差/%	仿真值	真实值	误差/%
2014	6.477	6.48	—0.05	7731	7960	—2.88	5192.419	5000	3.85
2015	7.075	7.13	—0.77	8470	8991.55	—5.80	5439.018	5116	6.32
2016	7.728	7.74	—0.16	9217	9288	—0.76	5697.329	5459	4.37
2017	8.442	8.59	—1.72	9972	10086	—1.13	5967.908	5808	2.75
2018	9.221	9.32	—1.06	10737	11170.93	—3.88	6251.337	6003	4.14
2019	10.072	9.87	2.05	11510	11613.81	—0.89	6548.227	6264	4.54

年　度	GDP			电力装机总量			电力需求		
	仿真值	真实值	误差/%	仿真值	真实值	误差/%	仿真值	真实值	误差/%
2020	11.002	10.28	7.02	12293	12228.33	0.53	6859.216	6374	7.61
2021	12.018	11.64	3.25	13085	13225.28	−1.06	7184.975	7101	1.18
平均误差/%			1.07			1.99			4.35

9.3.2　情景设定

本研究的主要目的是观察在碳排放权交易市场、绿色电力证书交易市场和电价补贴政策共同实施的情况下,我国最重要的 3 种碳减排政策对电力企业、经济环境及自然环境的影响,以及电价补贴政策实施与否、实施程度对以上指标的影响,分析电力企业采取两种发展策略后可能面临的结果。

为分析碳排放权交易市场、绿色电力证书交易市场和电价补贴政策的耦合影响,设置基准情景 BAU 和标准情景 S0,其中 BAU 情景为不实施 3 种政策的情景,标准情景 S0 中,初始补贴金额、补贴减少率、绿电技术研发投资率、火电技术研发投资率均按照当前国家实际实施的政策水平设置。

为分析电价补贴政策实施与否带来的影响,设置平价上网情景(P),与标准情景(S0)进行对比。平价上网情景(P)中,绿电的上网价格等于燃煤发电的上网价格,相当于不对可再生能源电力进行补贴。为分析补贴退坡的速度对电价补贴政策实施效果的影响,设置 A1~A3 情景。A1~A3 情景具有不同的电价补贴减少率,其他变量与 S0 中一致。

为分析电力企业不同发展策略带来的影响,分别设置 B1~B3、C1~C3 两组情景。B1~B3 分别具有不同的绿电技术研发投资率水平,C1~C3 具有不同的火电技术研发投资率水平,每组情景中的其他变量均不变,与 S0 保持一致。

具体的情景设定标准如表 9.3 所示。

表 9.3　情景设定标准

变　　量	情景	情景设定		
		补贴减少率	绿电技术研发投资率	火电技术研发投资率
基准情景	BAU	0	0	0
标准情景	S0	0.0214	0.55	0.65
平价上网情景	P	—	0.55	0.65
补贴减少率的影响	A1	0.0194	0.55	0.65
	A2	0.0234	0.55	0.65
	A3	0.0244	0.55	0.65
火电技术研发投资率的影响	B1	0.0214	0.55	0.6
	B2	0.0214	0.55	0.66
	B3	0.0214	0.55	0.72
绿电技术研发投资率的影响	C1	0.0214	0.5	0.65
	C2	0.0214	0.56	0.65
	C3	0.0214	0.6	0.65

9.3.3 结果分析

1. CET市场、TGC市场和电价补贴政策的耦合影响

首先,以S0为基础,分析我国3种主流碳减排政策共同实施对市场和环境的影响。

图9.5展示了S0情景下火电和绿电企业的利润空间及在建装机容量的变化。可以看到,对于绿电企业来说,利润空间持续上升,但上升趋势逐渐放缓。这是因为政府对可再生能源电力的补贴逐年减少,直至绿电上网电价与火电上网电价相同,实现绿电平价上网,所以初期企业可以通过电价补贴获得高额利润,而后期利润空间随电价补贴的减少而减少。但初期的补贴使绿电企业得到了较快发展,到后期形成规模,加上TGC市场的支持,绿电企业在平价上网阶段依然能保持利润平稳增长。由于受到利润驱使,所以每年可再生能源电力新建装机容量呈现与之类似的先快速增长、后趋势放缓的特点。与之相反的是,火电企业的收益情况不容乐观,由于可再生能源电力在电价补贴和绿证交易市场的支持下具有较大的竞争力,而火电企业则额外承担来自CET市场的碳排放成本,因此火电企业的利润空间不断受到挤压,火电新增装机容量呈现相同的减少趋势。

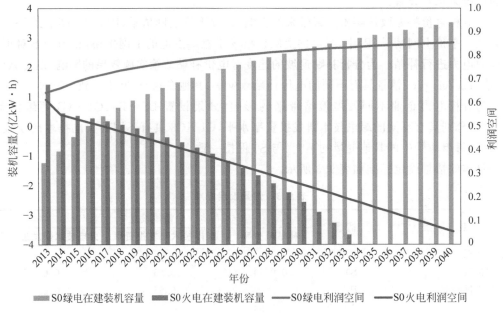

图9.5　S0情景下火电和绿电企业的利润空间及在建装机容量的变化

图9.6反映的是S0情景下碳排放量和发电能源结构的变化。由图可见,受到政策支持,绿电在总发电能源中的占比逐步提升,而二氧化碳排放量先增加,于2034年达到峰值,再缓慢减少。

2. 实施电价补贴政策的影响分析

S0情景与平价上网情景(P)的区别在于,平价上网情景P始终要求可再生能源电力采用燃煤发电的上网电价,不提供补贴;而标准情景S0则在2013年规定了绿电上网电价为

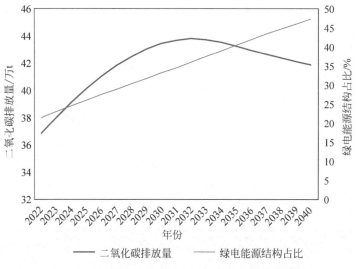

图 9.6 S0 情景下碳排放量和发电能源结构的变化

0.61 元/千瓦时,此后以 2.14% 的幅度逐年降低,最终于 2026 年实现补贴退坡,可再生能源电力由此实现平价上网。

图 9.7、图 9.8 展示了二氧化碳排放量和 GDP 在 S0 和 P 情景下变化情况的对比。S0 情景下,可再生能源发电因为缺乏市场竞争力、缺少来自市场外部的政策支持,所以错失了最初的发展期,导致绿电装机容量不足,后期发展乏力,电源结构转型动力不足,进而导致后期二氧化碳排放量不断增长,难以实现碳达峰;但也正因为减轻了向绿电企业提供补贴的财政压力,P 情景下的 GDP 远高于 S0 情景下。

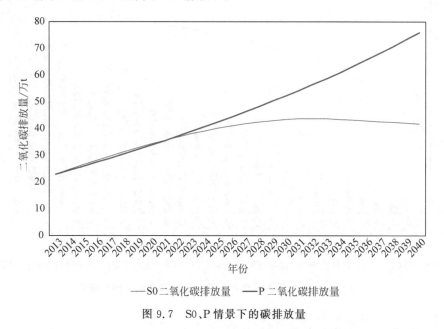

图 9.7 S0、P 情景下的碳排放量

图 9.9 展示了 S0 和 P 情景下绿电在建装机容量和绿电利润空间的变化。可以看出,实

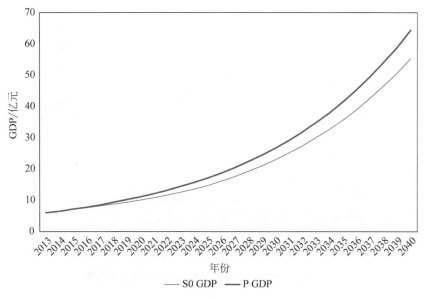

图 9.8 S0、P 情景下的 GDP

施电价补贴政策可使绿电企业在绿电初始发展阶段获得更高利润,在建装机容量也高于 P 情景下。然而缺少补贴也会倒逼企业发展,与失去补贴支持后相对难以面对市场竞争的 S0 情景下相比,P 情景下的绿电企业利润可以在后期反超 S0 情景下。

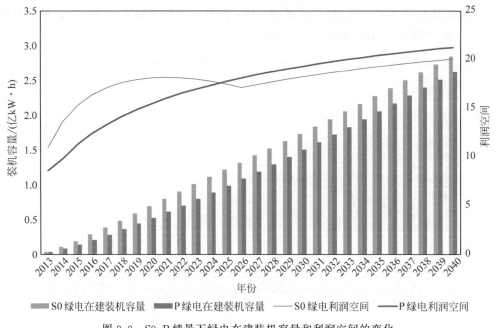

图 9.9 S0、P 情景下绿电在建装机容量和利润空间的变化

3. 电价补贴减少率变化的影响分析

从图 9.10 和图 9.11 中可以看出,减缓电价补贴的退坡可使绿电企业得到更充分的激

励,增加可再生能源电力在能源结构中的占比,从而减少二氧化碳排放量。

但与此同时,如图 9.12 所示,政府提供的电价补贴带来了相应的财政压力和经济压力,如果电价补贴减少率降低、补贴退坡减缓,GDP 就会受到负面影响。鉴于电价补贴带来的沉重的财政压力,补贴退坡势在必行。但补贴退坡过快会导致绿电企业的投资热情受到打击,从而影响碳达峰目标的实现。当补贴退坡以较慢的速度落实时,有利于绿电企业更好地应对市场环境的变化。在图 9.11 中的 A1 情景下,碳达峰的时间提前至 2028 年,并减少了达峰后的二氧化碳排放量。

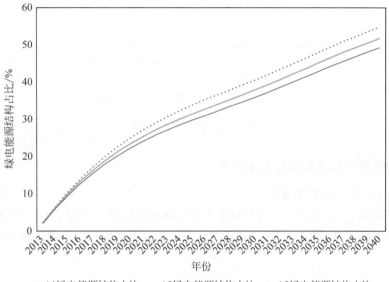

图 9.10 A1～A3 的发电能源结构

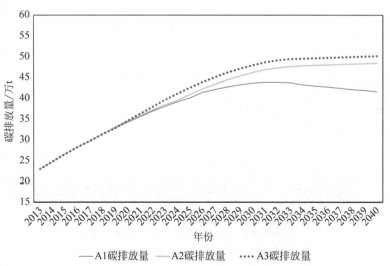

图 9.11 A1～A3 的碳排放量

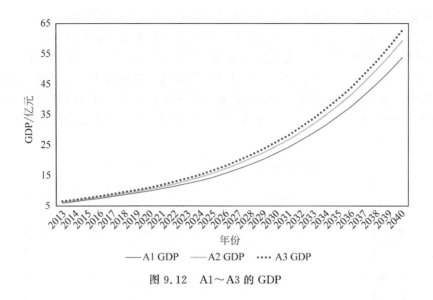

图 9.12　A1～A3 的 GDP

4．电力企业不同发展策略的影响分析

1）对火电科技的投资率分析

图 9.13 和图 9.14 为火电科技的投资率对碳排放量和发电能源结构的影响。由图可以看出，提高火电技术研发投资率对碳减排和能源结构绿色转型都有一定的负面影响，但影响较小。

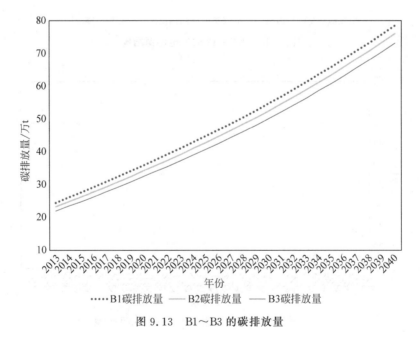

图 9.13　B1～B3 的碳排放量

2）对绿电科技的投资率分析

在本章模型中，对绿电科技的投资主要影响设备折旧率和绿电度电成本两个变量。其

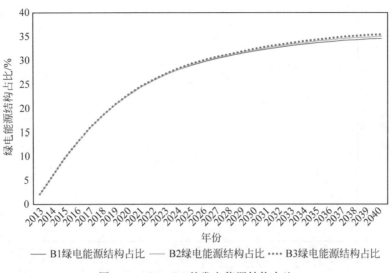

图 9.14 B1～B3 的发电能源结构占比

中,设备折旧率受到的影响已在前文进行了详细的分析,本章主要研究绿电科技的投资率对绿电度电成本的影响。

图 9.15 展示了不同绿电科技投资率下的碳排放量,可以看出,绿电投资率越高,对碳减排的促进作用越大,这是因为随着绿电投资率的提高,绿电度电成本降低,因此绿电企业能通过售电和补贴两个方面获得更多的利润,激励绿电企业大力发展绿电,从而减少传统化石能源发电,降低二氧化碳排放量。在 C3 情景下,绿电技术投资的增加使碳达峰时间提前到了 2030 年。

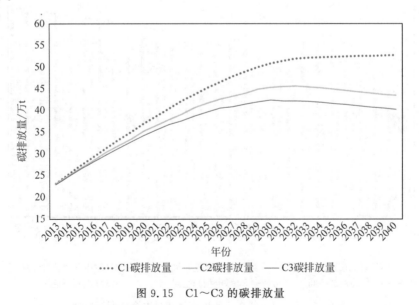

图 9.15 C1～C3 的碳排放量

图 9.16 展示了不同绿电科技投资率下的发电能源结构占比。投资率的提高对绿电在能源结构中的占比产生了积极的影响。

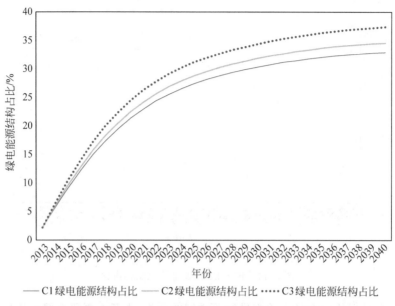

图 9.16　C1～C3 的发电能源结构占比

　　图 9.17 展示了不同绿电科技投资率下的在建装机容量和绿电企业利润空间。可以看出,投资率的提高使度电成本下降,企业利润空间提高,因此企业更愿意新建绿电装机。绿电在建装机容量与绿电利润空间的变化趋势几乎一致。

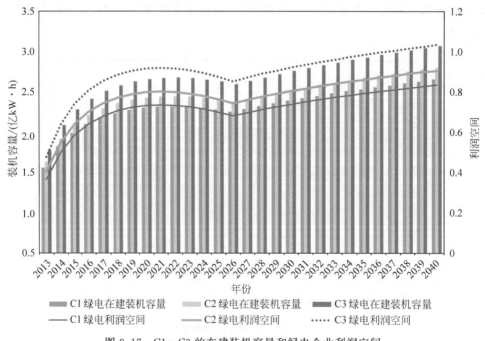

图 9.17　C1～C3 的在建装机容量和绿电企业利润空间

9.4 碳排放、绿色电力证书与电价补贴协同政策建议

9.4.1 主要结论

为实现 2030 年碳达峰和 2060 年碳中和目标,中国以减少碳排放和促进可再生能源电力发展两个方向为抓手,先后实施了电价补贴政策、碳交易政策和绿证交易政策。其中,电价补贴政策和 TGC 市场可以激励绿电发展,碳交易市场则要求排放者为碳排放付费。本章建立了电力行业 CET-TGC-电价补贴耦合系统的仿真模型,分析了 TGC、CET 和电价补贴政策对电力企业利润和碳减排的耦合效应,得出以下主要结论。

在 CET 市场、TGC 市场和电价补贴政策共同实施后,火力发电的利润空间下降,导致火电装机总量下降。而可再生能源发电受到电价补贴政策和绿证交易市场的激励,利润空间上升,可再生能源发电装机总量也随之上升。3 种政策的耦合作用促进了碳排放量的减少和电源结构的绿色转型。

电价补贴政策的实施是我国可再生能源电力发展、绿色能源电力转型过程中的必要措施,可在可再生能源电力缺乏市场竞争力的发展初期激励绿电企业发展。电价补贴政策对可再生能源电力发展的促进作用是所有政策中最直接、影响最大的,电价补贴的力度和退坡速度会对能否实现碳达峰和实现碳达峰的具体时间产生重要影响。

对于电力企业来说,即使电价补贴退坡,但随着 CET 和 TGC 的共同实施,可再生能源电力未来会获得更高的收益。

电力企业对可再生能源发电技术的投资会提高可再生能源发电利润,从而促进可再生能源发电装机建设和能源结构绿色转型,减少碳排放量。而加大对传统能源发电技术的研发投资,会对我国能源电力结构产生较小的负面影响,但能减少电力行业的碳排放量。

9.4.2 相关建议

根据上述结论,系统中电价补贴政策实施与否、电价补贴减少率、对绿电技术的投资、对火电技术的投资等关键性政策变量和企业决策的变动会对社会经济与环境效益产生显著影响。因此,基于模型仿真分析结果,本研究针对政策制定者和电力企业提出以下对策建议。

对于政策制定者来说,必须实施电价补贴政策,并且应以较慢的速度完成电价补贴的退坡。由于高昂的成本和自然条件的限制,可再生能源电力在发展初期严重缺乏竞争力。电价补贴政策在可再生能源电力发展初期起到了决定性的支持作用,使可再生能源电力能够快速发展。鉴于电价补贴带来的沉重财政压力,补贴退坡势在必行。但退坡过快会阻碍可再生能源电力的发展,影响碳达峰目标的实现。

对于政策施行者来说,应鼓励企业对绿电和火电进行技术投资。增加绿电技术投资可提高可再生能源发电技术水平,降低可再生能源度电成本,使企业从中盈利,推动可再生能源发电行业的发展。对火电技术的投资可以有效减少碳排放量,我国距离能源绿色转型的实现仍然存在较大的差距。在能源结构转型尚未实现时,我国电力行业依然高度依赖传统

化石能源发电,因此也应该鼓励投资和研究减少单位碳排放量的火电技术。

对于电力企业来说,应大力投资绿电技术。在可再生能源发电发展的初期,政府给予的电价补贴可使电力企业以较低的成本发展绿电,为日后企业发电能源结构转型打下良好基础。在发展后期,即使电价补贴政策完全退坡,可再生能源发电失去补贴支持,由于碳交易市场和绿证交易市场的实施,可再生能源电力的收益能力也较强,因此相较于火电减排技术更值得投资。

9.4.3 研究展望

本章探索了现有的 3 种政策工具的耦合作用对区域经济与环境的影响,但本章仍然存在许多不足,有待未来进一步研究。在模型构建时,为简化模型,未考虑不同可再生能源发电的差异性和区域性,可再生能源电力的发展过程中,可能存在资源禀赋的限制等问题。此外,在现实的企业中,企业投资决策也受到各方面的影响,未来应考虑将其作为变量加入模型,研究如何通过政策和市场激励企业,使企业自愿加强对可再生能源发电的投资与研发。

第10章

中国节能减排交易政策仿真综合比较分析

10.1 中国节能减排交易政策仿真比较问题分析

10.1.1 研究背景

近年来,随着经济的发展、人口的增长、社会生活水平的提高,人类对于能源的需求正在以惊人的速度增长,化石燃料(如煤炭、石油、天然气)的消耗量急剧增加,以二氧化碳为主要代表的温室气体大量排放,由此带来的全球气候变暖、极端天气、疫病横行等一系列环境问题也成了国际社会刻不容缓需要解决的问题。为减缓气候变化,世界各国纷纷采取行动,努力减少温室气体排放。

中国作为负责任的大国,也是目前世界碳排放量最大的国家,积极主动承担起降碳减排的国际义务。为实现能源结构转型,减少对化石能源的依赖,中国也需要推动清洁能源的发展和利用。在第45届联合国大会上,习近平主席代表中国庄严承诺2030年之前实现碳达峰,2060年之前实现碳中和的"双碳"目标。面对日益严峻的气候变化挑战,中国政府引入市场交易和补贴机制,采取多种措施应对碳排放问题,其中碳排放权交易(CET)政策、可再生能源上网电价补贴(FIT)机制和绿色电力证书交易(TGC)政策成为主要手段。

CET是在政府设定强制性碳排放总量控制目标并允许各市场主体进行全国碳排放配额交易的前提下,从经济上对碳排放企业进行管控,通过市场机制优化碳排放在空间上的资源配置,逐步减少温室气体排放。与行政指令、经济补贴等减排手段相比,CET是一种实施成本更低、更可持续的碳减排政策工具。

此外,中国政府着力推动能源结构转型升级,摆脱对化石能源的依赖,提高可再生能源(如风电、太阳能等)占比,保证我国能源安全。FIT机制是推动可再生能源快速发展的主要动力。由于现阶段可再生能源在电力市场上不具备价格优势,电网公司上网可再生能源电力的成本较高,在FIT机制实施过程中,政府对可再生能源电力的上网电价做出明确规定,提供补贴激励电网公司从符合资质的发电企业购买可再生能源电力,鼓励发电企业生产可再生能源,并加大技术投入。购买的价格可根据每种可再生能源发电技术的生产成本确定,且上网补贴价格变化趋势一般为逐年递减,以鼓励可再生能源发电企业提高技术水平、降低生产成本。考虑到可再生能源发电具有间歇性和波动性,为充分利用这些能源,需要建立合理的电价补贴机制,使其在能源系统中得到充分消纳和平稳运行。上网电价补贴的金额由政府招标确定或者直接公布指导价,通常取决于当时发电设施的造价、安装、运维使用成本,能源造价越高,其补助也相应越高,上网电价的补贴金额通常随着时间的推移、能源技术的革新提高、成本的下降而逐年减少。

在 FIT 机制的补贴和引导下,我国风力发电、光伏发电等可再生能源发电行业快速发展,取得了巨大成就,为调整能源结构、减少二氧化碳排放量作出了突出贡献。在高额补贴政策驱动下,中国可再生能源电力装机得以超高速发展,但也碰到了发达国家可再生能源发展遭遇的瓶颈和挑战。FIT 在激励可再生能源行业快速发展的同时也带来了更多挑战。一方面,可再生能源的补贴落实越来越困难,高昂的补贴成本也会使政府财政难以为继,可再生能源基金缺口越来越大;另一方面,补贴刺激会使可再生能源行业产能盲目扩张,同时由于我国可再生能源资源和需求存在地域不均衡性,可再生能源电力的消纳成为主要困难,各地产能过剩、"弃风、弃光"的现象不断出现。随着《国家发展改革委关于完善风电上网电价政策的通知》和《国家发展改革委关于完善光伏发电上网电价机制有关问题的通知》等文件的发布,国家开始终止对陆上风力发电和光伏发电的电价补贴,最终目标是实现可再生能源电力与化石能源电力同价。国内的电网公司、电力企业也积极支持碳达峰、碳中和,采取多种措施,加速提质增效,应对补贴退坡的阵痛期。即使如此,目前阶段及未来很长一段时间,补贴对可再生能源发电项目的效益仍然影响巨大。

目前,财政部公布了 1～7 批可再生能源电价附加资金补助目录,按照国家发展改革委、国家能源局等《关于促进非水可再生能源发电健康发展的若干意见》要求,国家不再发布可再生能源电价附加补助目录,而由电网企业确定并定期公布符合条件的可再生能源发电补贴项目清单。FIT 向可再生能源配额制及绿色电力证书交易政策转变是一个必然的发展趋势。

为鼓励可再生能源可持续发展,减轻政府财政压力,中国政府出台了 RPS 及其配套的TGC 政策。RPS 是指国家用法律的形式对可再生能源发电的市场份额做出强制性规定,所有发电厂商在发电时,必须包含一定比例的可再生能源电力,传统发电企业为遵守这一强制性规定而向可再生能源发电企业购买绿色电力证书。目前,每单位 TGC 代表 1 兆瓦可再生能源电量。

在 FIT 向 TGC 转化的过程中,研究 3 种减排交易政策的比较效应,根据不同的地域特点和发展状况寻找最优政策组合,显得尤为重要。

10.1.2　研究意义

为积极稳妥地推进碳达峰、碳中和,构建清洁、低碳、安全、高效的能源体系,中国政府持之以恒,努力探索能源领域深化改革。过去 10 年间,中国先后建立起全国碳排放权交易市场、上网电价补贴机制和绿色电力证书交易政策,为促进节能减排、优化能源结构作出了重要贡献。虽然中国已经不可避免地进入电价补贴退坡阶段,绿证交易将逐步取代电价补贴,但由于中国可再生能源电力市场的特殊性,在部分地区和特殊领域,电价补贴仍会长时间存在并继续发挥积极作用。

本研究结合中国电力行业的发展特点和现实情况,研究 3 种交易政策的比较效应对我国经济、生态环境的影响,旨在寻找 3 种交易政策协同作用下的政策组合影响,对中国现有的能源资源配置进行优化,对于中国实现可持续发展目标,实现低碳、环保、节能的发展模式具有重要的现实借鉴意义和政策参考价值。

10.2　中国节能减排交易政策仿真综合比较分析

本章在前文研究的基础上,探讨碳排放权交易市场、绿证交易市场和电价补贴政策的仿真组合效果。使用第 9 章建立的碳排放权交易、绿色电力证书交易和电价补贴逐渐退坡政策背景下的系统动力学仿真模型,增加仿真系统中代表 3 种不同政策的参数选择,即 RPS 标准的增长率、电价补贴降低率和碳交易价格效应系数。

本章构建的综合仿真系统动力学模型,涵盖经济、能源、环境 3 个模块,主要包括二氧化碳排放量、火电技术投资、风电技术投资、GDP 总量、电力需求、碳交易政策、电价补贴政策及绿证交易政策等关键变量。其中,碳交易政策主要与减少二氧化碳排放量的发展情况相关,并通过碳交易市场与绿证交易市场联系。电价补贴政策主要与可再生能源电力的发展情况相关,并通过电力市场与绿证交易市场联系。将多种市场同时纳入考虑,随着传统能源投资、清洁能源(如风电、水电等)投资力度的加大,能源效率将不断提高,并最终作用于减少二氧化碳排放量与促进可再生能源的发展。模型框架图如图 10.1 所示。

其节能减排政策综合因果回路图如图 10.2 所示。

在因果回路图的基础上,建立节能减排政策综合存量流量图,如图 10.3 所示。

本章基于前文增加了 3 种政策代表参数,如表 10.1 所示。

表 10.1　政策代表参数

政策代表参数	符号	二分变量取值	来　　源
碳交易价格效应系数	Cmp	1/0.000001	—
RPS 配额增长速率	GrRPS	0.005/0.000001	国家统计局
电价补贴降低率	Rribpfwp	0.0214/—	国家能源局

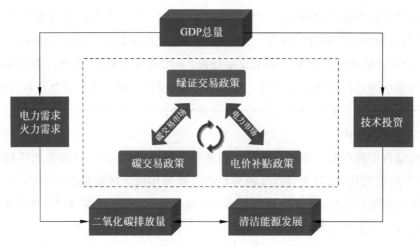

图 10.1　模型框架图

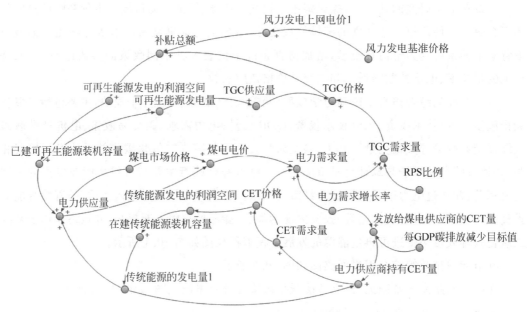

图 10.2　节能减排政策综合因果回路图

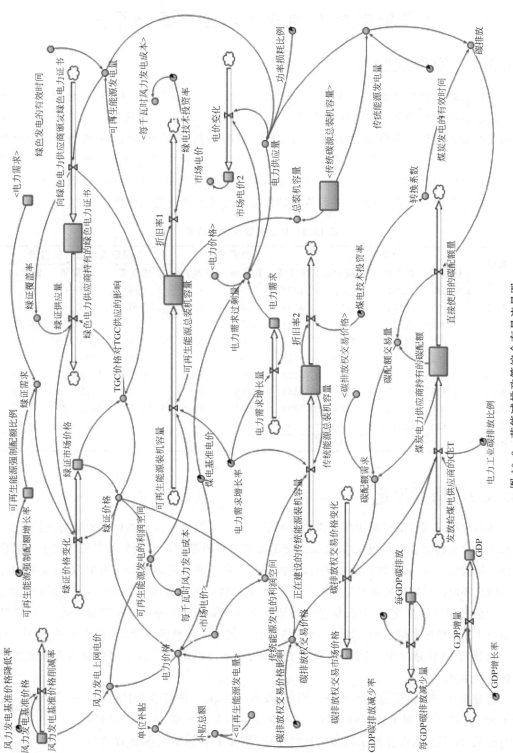

图 10.3　节能减排政策综合量存量流量图

10.3　中国节能减排交易政策组合仿真结果分析

10.3.1　模型检验

本章在第 9 章的基础上,选取江苏省 2013—2021 年的数据进行检验,并选取 GDP、风电＋火电装机总量和电力需求作为检验变量。检验结果如表 10.2 所示。可以看到,3 个变量仿真的最大绝对误差分别为 7.11％、7.12％ 和 8.06％,均小于 9％;平均绝对误差分别为 4.03％、2.22％ 和 3.28％,均小于 5％。最大绝对误差和平均绝对误差都小于一般系统动力学模型的允许误差 15％,因此认为该仿真模型较有效地反映了节能减排政策之间综合的内在联系和相互关系,以及这些政策是如何组合促进经济社会和环境发展的。

表 10.2　模型有效性检验结果

年份	GDP			电力需求			风电火电总装机容量		
	仿真值	真实值	误差/％	仿真值	真实值	误差/％	仿真值	真实值	误差/％
2013	5.930	5.93	0.00	4957	4957	0.00	6994	6994.00	0.00
2014	6.403	6.48	1.19	5137	5000	2.74	7603	7960.00	4.48
2015	6.909	7.13	3.10	5324	5116	4.07	8267	8991.55	8.06
2016	7.451	7.74	3.73	5517	5459	1.07	8989	9288.00	3.22
2017	8.033	8.59	6.48	5718	5808	1.55	9771	10086.00	3.12
2018	8.657	9.32	7.11	5926	6003	1.29	10615	11170.93	4.98
2019	9.328	9.87	5.49	6141	6264	1.96	11527	11613.81	0.75
2020	10.051	10.28	2.23	6364	6374	0.15	12509	12228.33	2.30
2021	10.830	11.64	6.96	6596	7101	7.12	13568	13225.28	2.59
平均误差/％			4.03			2.22			3.28

10.3.2　情景设定

本研究的主要目的是对中国主要的 3 种节能减排政策协同仿真进行比较分析,通过比较碳排放权交易政策、电价补贴政策及绿证交易政策 3 种政策进行不同组合实施情况下二氧化碳排放量的变化或 GDP 增长的变化等,具体探究 3 种节能减排政策如何搭配,对促进我国经济、能源、环境的可持续发展有显著的正向作用,并比较分析这些作用之间的内在关系和规律。

为分析碳排放权交易市场、绿色电力证书交易市场和电价补贴政策的组合效应,设置基准情景 BAU 和标准情景 S0,其中 BAU 情景为不实施 3 种政策的情景,标准情景 S0 中,初始补贴数额、补贴减少率、绿电技术研发投资率、火电技术研发投资率均按照当前国家实际实施的政策水平设置。

为分析 3 种政策实施与否带来的影响,设置 A、B、C 3 种情景与 BAU 和 S0 作对比。平价上网(A)情景中,绿电的上网价格等于燃煤发电的上网价格,相当于未对可再生能源电力进行补贴,即不实施电价补贴政策。B 情景中,碳交易价格效应系数设置为 0.00001,将碳交易价格降为 0,即不实施碳交易政策。C 情景中,RPS 配额增长速率设置为 0,市场中绿证标准为 0,即不实施绿色电力证书交易政策。每组情景中的其他变量均不变,与 S0 保持一致。具体的情景设定标准如表 10.3 所示。

表 10.3　情景设定标准

变　　量	情景	情景设定		
		电价补贴降低率	碳交易价格效应系数	RPS 配额增长速率
基准情景	BAU	—	0.000001	0.000001
标准情景	S0	0.0214	1	0.005
碳交易×绿证交易	A	—	1	0.005
电价补贴×绿证交易	B	0.0214	0.000001	0.005
碳交易×电价补贴	C	0.0214	1	0.000001

10.3.3　结果分析

1. 不同政策组合对经济的影响

图 10.4 展示了 S0 和 BAU 情景下的江苏省 GDP 总量变化。可以看到,对于两种情景来说,GDP 均呈现上升趋势。具体来说,对于 S0 情景,GDP 上升趋势较为稳定,逐年增加;而对于 BAU 情景来说,GDP 呈现出先稳定上升后快速增长的趋势。这是因为在 BAU 情景下,三种政策均不实施。持续的传统能源消耗、不受限制的排放通常伴随着更多的工业化和生产活动。此外,在这种情景下,产生更多的生产和工作机会可能会提高国家的经济总产值。能源成本低廉,特别是来自高排放的化石燃料,企业和消费者将更容易获得廉价能源,这将刺激生产和消费,鼓励企业投资于高碳排放的行业,例如煤矿和化石燃料生产。低成本的能源和生产通常导致更多的消费和需求。人们可能会购买更多的商品和服务,从而刺激 GDP 增长。然而,这种二氧化碳排放不受限制的增长模式通常伴随着一些不可持续的问题:高排放水平会导致空气和水污染,气候变化等环境问题,可能会在长期内对经济造成负面影响。过度依赖化石燃料等有限资源可能会导致资源耗竭,从而威胁到未来的经济稳定性。当下,国际社会对减少温室气体排放产生了日益增长的关注,未受限制的排放可能会导致国家间的紧张关系,并可能导致制裁和贸易争端。因此,尽管不受限制的二氧化碳排放可能会在短期内刺激 GDP 增长,但在长期内,这种做法可能会导致环境问题和不稳定性,对经济和社会造成负面影响。S0 情景下的可持续性发展原则强调了平衡经济增长、环境保护和社会公平的重要性,以确保长期的繁荣。

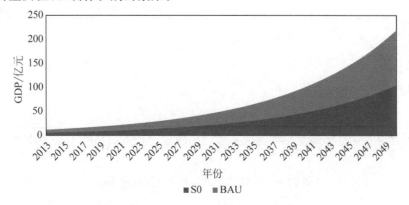

图 10.4　S0 和 BAU 情景下的 GDP 总量变化

　　图 10.5 展示了 A、B、C 三种不同政策组合情景下的江苏省 GDP 总量变化。可以看到，A 情景下，即不实施电价补贴政策时，GDP 总量显然大于 B 情景和 C 情景下。中国政府积极鼓励发展可持续能源，如风能和太阳能等清洁能源。电价补贴政策在一定程度上支持了这些能源的快速增长，但随着技术的进步和成本的下降，这些能源变得更具竞争力。因此，如果政府逐渐减少电价补贴，那么能源市场将能更好地反映成本和市场需求。不实施电价补贴政策意味着不需要政府投入大量资金，可以减轻财政负担，从而转向市场机制，如绿证交易，允许市场力量决定支持可再生能源的价格，而不是政府直接提供补贴。此外，在只实施绿证交易政策和碳排放权交易政策的背景下，绿证交易机制通常会激发企业在可再生能源领域进行投资和创新，进行新技术的研发、新能源项目的建设，增加与绿色技术相关的就业机会。这些投资和创新活动有助于刺激经济增长，增加 GDP。

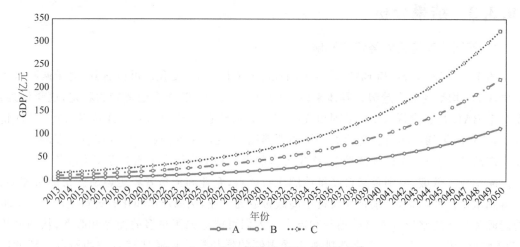

图 10.5　A、B、C 情景下 GDP 总量的变化

2. 不同政策组合对环境的影响

　　图 10.6 和图 10.7 反映了 S0 情景和 BAU 情景下的二氧化碳排放量变化。从图中对比可以看出，在 3 种政策均实施的背景下，二氧化碳排放量先逐渐上升，达到峰值后再缓慢下降；而另一种情景下，二氧化碳排放量会逐年上升，不会出现下降趋势。该仿真结果可用 BAU 情景下 GDP 增长背后的原因解释。

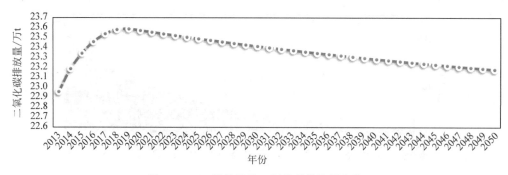

图 10.6　S0 情景下的二氧化碳排放量变化

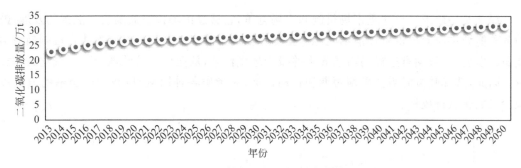

图 10.7　BAU 情景下的二氧化碳排放量变化

图 10.8 展示了 A、B、C 情景下二氧化碳排放量的变化。其中情景 A 和情景 C 下的二氧化碳排放量变化趋于一致。而对于情景 B,未实施碳排放权交易政策背景下的二氧化碳排放量呈增长趋势,2020 年后上升速率变慢。前期由于火电企业的发展且不受碳交易政策限制,其生产运作活动排放二氧化碳的速度相对较快,后期风电等新能源企业发展之后,受到电价补贴和绿证交易政策的支持,其传统能源活动相对减少,二氧化碳排放增加速率降低。

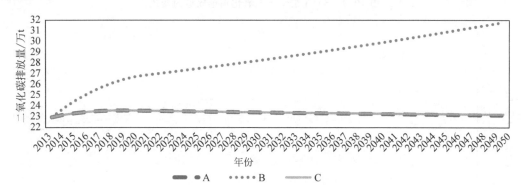

图 10.8　A、B、C 情景下二氧化碳排放量的变化

将两种不同政策组合的结果和 S0 三种政策均实施背景下的二氧化碳排放量变量进行具体分析。从图 10.9 和图 10.10 中可以看出,A、C 情景贴合 S0 情景下的变化趋势。对于碳排放权交易和绿证交易政策组合,其二氧化碳排放量稍高于 S0 情景下;对于碳排放和电价补贴政策组合,其二氧化碳排放下降趋势高于 S0 情景下。电价补贴政策相对于绿证交易政策可能短期内更能减少二氧化碳排放量。这是因为电价补贴直接刺激清洁能源产业,降低清洁能源(如风能和太阳能)成本,从而鼓励更多清洁能源项目的建设,有助于增加可再生能源在电力产生中的比例,减少对高碳排放能源的需求,从而减少二氧化碳排放。这是一种直接干预市场的方式,通过政府直接补贴清洁能源项目促进可再生能源的发展。这种干预可以更有效地推动清洁能源的增长。

然而,电价补贴政策也有一些潜在问题和限制,可能对政府财政构成负担,需要政府投入大量的资金补贴清洁能源项目。此外,长期依赖补贴可能导致市场扭曲,阻碍竞争和市场的自由发展。一旦政府不再提供补贴,清洁能源产业可能面临挑战,因为它们已经适应了补贴后的市场价格。

绿证交易政策则更注重市场机制和市场竞争,它通过市场价格激励清洁能源的发展,鼓励各种能源供应商提供更多清洁能源。虽然短期内可能不如电价补贴政策能直接刺激清洁能源的发展,但长期有望提高市场效率并减少环境污染,从而更可持续地减少二氧化碳排放量。因此,选择政策时需要平衡短期和长期目标,并考虑各种因素,以找到最合适的方法以减少二氧化碳排放量。

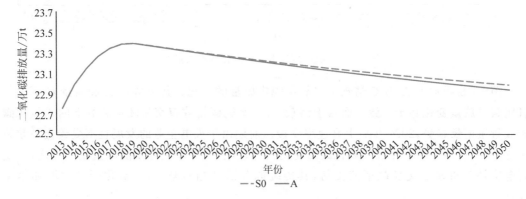

图 10.9　S0、A 情景下二氧化碳排放量的变化

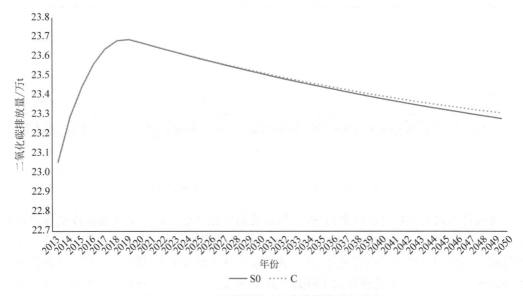

图 10.10　S0、C 情景下二氧化碳排放量的变化

3. 不同政策组合对发电企业的影响

图 10.11 和图 10.12 分别展示了 5 种情景下火电、风电利润空间的变化。从整体趋势看,火电发电的利润空间呈下降趋势,而风电发电的利润空间呈上升趋势。在中国节能减排的政策背景下,政府采取了一系列政策措施鼓励清洁能源的发展,如风电、太阳能等,为清洁能源提供了更有利的政策环境。与此同时,对高碳排放的传统火电厂逐渐加大了环保监管和减排要求,导致火电成本上升。

随着清洁能源技术的进步和规模效应的显现,风电和太阳能等清洁能源的成本逐渐下

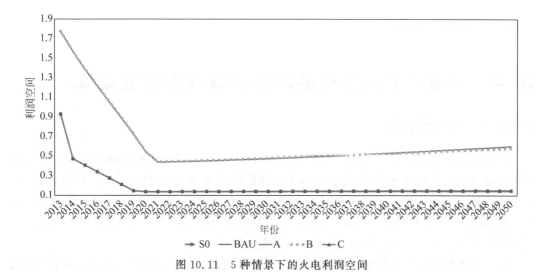

图 10.11　5 种情景下的火电利润空间

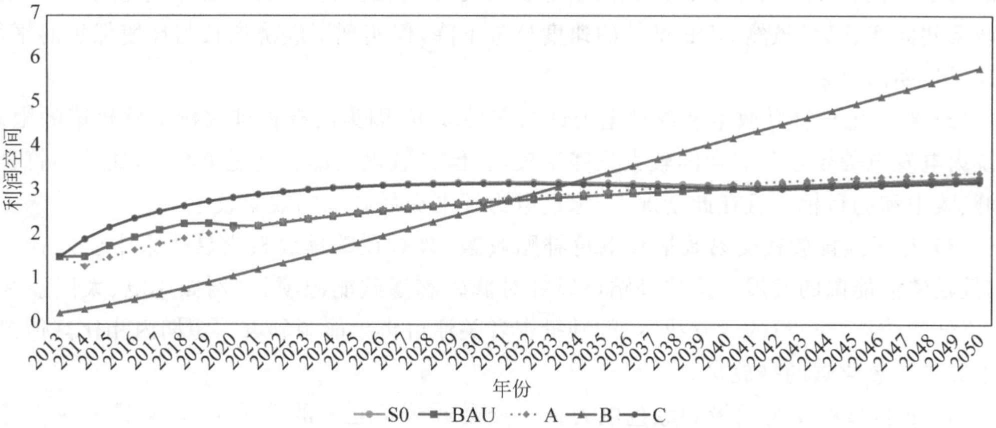

图 10.12　5 种情景下的风电利润空间

降,使其更具竞争力。相比之下,传统火电厂的运营和维护成本相对较高。中国已经推出碳排放权交易市场,将二氧化碳排放权交易纳入市场机制。这意味着高碳排放的火电厂需要购买更多的排放权,会增加其运营成本,进而鼓励清洁能源的使用。此外,中国作为全球气候变化问题的重要参与者,承诺减少碳排放。为实现这一承诺,政府鼓励清洁能源发展,并限制高碳排放行业,这也会对火电行业的利润空间产生影响。

　　从整体来看,清洁能源在中国的能源结构中占据越来越重要的地位,这受到政策支持、市场机制改革、成本下降等多种因素推动,因此清洁能源的利润空间呈上升趋势。与此同时,传统火电厂由于面临政策压力和竞争压力,其利润空间可能被压缩。这一趋势有助于推动中国朝着更可持续、更清洁的能源体系发展。

　　S0 情景和 C 情景下的风电利润空间较大且涨幅较慢,A 情景和 BAU 情景下的风电利润空间中等且上升速度较快,而 B 情景下的风电利润空间前期非常小,但其整体上升速度最高。这是因为在不实施碳排放权交易的政策背景下,传统火电发电成本低、利润高,且不受政策限制,在发电市场中火电占比非常大,而随着时间的推移,火电市场逐渐趋于饱和,而风电等清洁能源发电更趋于国际发展趋势,且市场前景巨大,利润上升较快,逐渐超越其他政策组合下的利润空间。

10.4 中国节能减排交易政策仿真综合比较建议

10.4.1 主要结论

在中国承诺实现 2030 年碳达峰和 2060 年碳中和目标,以减少碳排放和促进可再生能源电力发展的时代背景下,政府先后实施了电价补贴政策、碳排放权交易政策和绿色电力证书交易政策。本研究建立了 3 种政策组合综合系统的仿真模型,并引入代表 3 种政策的关键参数,分析了碳排放权交易政策、电价补贴政策和绿色电力证书交易政策的不同组合对经济、环境、发电企业市场的具体影响,得出以下主要结论。

(1)在 3 种政策均不实施的情况下,虽然 GDP 可以实现快速增长,但是伴随着传统能源的大量消耗和环境的急剧恶化。在碳排放权交易政策、电价补贴政策和绿色电力证书交易政策共同实施后,虽然 GDP 增长的速度显著下降,但实现了经济增长与环境保护的平衡,以确保长期的繁荣。

(2)对于电价补贴政策和绿色电力证书交易政策,因为没有碳排放权交易政策的限制,传统火电发电等企业利润空间较大且涨幅较快,但二氧化碳排放量逐年增加,显然不符合碳达峰、碳中和的目标。且在此情况下,绿色电力证书交易政策的效果较小。

(3)对于碳排放权交易政策和电价补贴政策,政府在碳排放权交易体系中引入补贴机制,鼓励清洁能源的发展。这些补贴可以针对低碳和零碳能源项目,例如风电、太阳能和核能,降低清洁能源项目的运营成本,鼓励投资者关注可再生能源领域。短期内相比其他组合更能减少二氧化碳的排放量。

(4)碳排放权交易政策和绿色电力证书交易政策是互补的政策工具,碳排放权交易政策主要关注减少碳排放,通过向高碳排放企业施加成本压力鼓励减排。而绿色电力证书交易政策则侧重于鼓励可再生能源发展,通过发放可再生能源证书奖励清洁能源发电。两者结合使用可以实现加快促进减排和增加可再生能源发电的双重目标。

10.4.2 相关建议

根据上述结论,系统中 3 种政策是否组合、如何组合等关键性政策变量和企业决策的变动将对社会经济与环境效益产生显著的影响。因此,基于模型仿真分析结果,本研究针对政策制定者和电力企业提出以下对策建议。

(1)对于政策制定者来说,必须实施碳排放权交易政策。碳排放权交易政策的主要目标是减少温室气体排放,特别是二氧化碳。通过为排放权设定上限并允许企业交易这些权利,政策鼓励企业采取减排措施,以遵守排放限额。这有助于减少温室气体排放,应对气候变化,并在实现经济增长的同时考虑环境发展。

(2)在实施碳排放权交易政策和绿色电力证书交易政策时,并行实施电价补贴政策,可以在后期减少其补贴价格等。电价补贴政策通常需要政府提供资金补贴,使其产生财政负担,尤其是在大规模应用时。但是由于高昂的成本和自然条件的限制,可再生能源电力在发展初期严重缺乏竞争力。电价补贴政策在可再生能源电力发展初期起到了决定性的支持作用,使可再生能源电力能够快速发展。但长期依赖补贴可能导致市场扭曲,阻碍竞争和市场的自由发展。一些公司可能依赖补贴而不是创新和提高效率来生存。

（3）对于电力企业来说,电力企业应该优化能源组合,增加可再生能源（如风能和太阳能）的比例,同时减少利用高碳排放能源。投资清洁能源项目以满足政府的碳减排要求和电价补贴政策,提高企业的可持续性和市场竞争力。如果有碳交易市场,企业可以积极参与市场,购买和出售碳排放权,以最大限度利用碳价格机会,同时管理碳成本。

（4）政府和电力企业之间需要密切合作,以共同实现碳减排和清洁能源发展的目标。政府提供政策支持和市场规则,而电力企业负责在政策框架内调整其业务和投资战略,以适应新的能源格局。这种协作有助于平衡经济增长、环境保护和能源可持续性。

10.4.3　研究展望

本研究虽然已获得一些有价值的结论与建议,但仍存在一些有待改进和完善的地方,如模型构建时,为了简化模型,未考虑不同可再生能源发电的差异性;未将水电发电等纳入其中,在不同政策组合比较时,固定其他参数始终不变等。在未来的研究中,可以考虑更多的现实政策及市场因素,例如宏观政府调控、国际市场交易等因素,以构建更精确科学的系统模型进行仿真,得到更有价值的结论与建议。

第11章

总结与展望

11.1 减排交易政策协同研究的主要结论与建议

近年来,随着经济社会的日益发展,能源环境问题成了世界各国关注的焦点。中国作为全球最大的能源消耗国之一,十分重视可再生能源电力的发展。为此我国政府制定了一系列相关减排政策,以支持我国能源结构的优化。本研究主要对中国减排交易政策的效应进行了研究,从不同的政策视角,研究单一或交叉减排交易政策的实施效果和影响。本研究具体分析了碳排放权交易与排污权交易等直接型政策与其协同效应,讨论了碳排放配额拍卖对中国碳市场的影响;与此同时,研究了可再生能源上网电价补贴机制、可再生能源配额制与绿色电力证书交易政策等替代型政策之间的协同作用,并进一步对其进行了全面的综合比较分析。得到的主要结论如下。

(1) 直接型减排政策下,中国国有发电企业应采取创新环保战略,稳定火电投资,转移碳价成本。在受到全国碳交易市场冲击的背景下,通过分析大型国有发电企业的最优投资战略,本研究认为企业短期内应采取创新战略,即大幅增加减排技术投资,显著降低燃料成本;从长期来看,环保战略更有利于企业应对碳成本压力的上升,因此国有发电企业短期内应专注于开发或应用更先进的碳减排技术;企业仍需长期保持对火电的稳定投资,以保持其市场份额从而满足中国快速增长的电力需求;另外,随着电价和发电的市场化,企业应将碳价成本转移到电价,以保证企业利润。

(2) 直接型减排政策能够加快改善电力产业环境。在碳排放权交易和排污权交易的联合作用下,对重庆电力产业经济与区域环境关系进行分析,结果表明,碳排放权交易和排污权交易的协同作用能够有效减少行业污染物排放量和二氧化碳排放量;且在碳交易机制作用下,减少自由配额或提高碳交易价格能够促进污染物减排;此外,在一定的经济水平和企业利润范围内,在政策逐步优化的前提下,企业将减少利润损失,获得较大的减排收益。

(3) 不同地区应根据自身特点采取相应的碳排放配额拍卖措施,以兼顾各地的环境与经济需求,带动碳市场的良好发展。本研究考虑了时空异质性,以浙江、北京和宁夏3个地区为例,系统分析了影响碳排放配额拍卖措施实施的关键因素及其对中国碳市场的影响。结果表明,宁夏拥有丰富的可再生能源资源,可以容易地兼顾环境和经济需求,而北京和浙江面临的困难较大。因此,宁夏应在中期实施碳排放配额拍卖,北京应尽快实施,而浙江应在后期实施;与此同时,2030年前碳排放配额应达到100%分配,以实现碳峰值。

(4) 直接型减排政策将有效促进云计算行业减排,推动技术革新。本研究分析了"双碳"目标下碳排放权交易政策对云计算行业的效应,研究结果表明,云计算行业实施碳减排策略十分必要;加入碳交易机制可以有效促进云计算行业碳减排,但会对市场规模产生一定的负面影响;通过增加零碳装机占比和负排放比例等,推动碳减排技术革新,可以大大提升云计算行业的碳减排效果。

(5) 替代型减排政策可以替代可再生能源补贴政策。本研究以政府和光伏企业为研究对象,研究分析了绿证交易政策和电价补贴机制的集成效应。研究结论表明,当政策参数的值在一定范围内时,配额制将代替固定电价政策成为国家的另一项可再生能源补贴政策,并且单一演化情况和混合演化情况呈现不同的博弈结果;除此之外,补贴与绿证市场也有着密切的关系。

(6) 替代型减排政策有助于电力市场稳定,应加大配额制实施范围和力度。通过构建"政企网"三方主体的演化博弈模型,并对可再生能源配额、绿证交易和电价补贴进行系统分析,本研究认为固定电价补贴退坡会导致省级层面可再生能源发展减速,绿证交易市场则会导致省级层面可再生能源发展增速;此外,加快补贴退坡速度是促进绿电企业参与绿证交易的有效手段,补贴下降速度越快或配额制比例增加速度越快,电力市场稳定的速度越快。

(7) 直接型和替代型交易政策协同可促进能源结构转型,有效减少碳排放。本研究分析了碳排放权交易机制和绿色电力证书交易机制对电力企业和国家碳减排目标的耦合效应。结果表明,电力企业加大对传统能源发电技术的研发投资,能够在一定程度上减少碳排放量,但整体上会对火力发电企业的利润空间和我国能源电力结构产生负面影响;除此之外,在两者共同实施的交易机制下,总体上会对火力发电的利润空间产生负面影响。

(8) 直接型交易政策与替代型交易政策能够并行应用,协调配合。本研究仿真结果表明,碳交易市场、绿证交易市场、电力市场三者可各自发挥其特有功能。碳交易市场能有效减少化石能源的温室气体排放,绿证交易市场可以发挥可再生能源的绿色电力属性,电力市场则会进行纯粹的电力商品交易。三个市场在职能和规则上各自独立,却又在政策目标、市场机制、参与主体等多方面存在着密切联系,互相支撑,协同发展,有效提高了多目标导向下市场交易规则的效率。直接型与替代型减排交易政策的互补使用可以更好地促进电力市场稳定,加快电源结构转型,实现减排目标,并付诸实践。

(9) 中国节能减排交易政策的不同组合与企业决策的变动会对社会经济与环境效益带来显著影响。本研究分析了碳交易政策、电价补贴政策和绿证交易政策的不同组合对经济、环境、发电企业市场的具体影响。研究发现,在三种政策均不实施的情况下,GDP 可以实现快速增长,但将伴随着传统能源的大量消耗和环境的急速恶化;对于电价补贴政策和绿证交易政策,传统火电发电等企业利润空间较大且涨幅较快,但二氧化碳排放量逐年增加,且绿证交易政策的效果较小;对于碳排放权交易政策和电价补贴政策,其短期内减少二氧化碳排放的效果最佳;对于碳排放权交易政策和绿色电力证书交易政策,两者结合使用可以加快促进实现减排和增加可再生能源发电的双重目标。

本研究对我国主要减排交易政策进行了全面的仿真模拟和评价分析,其研究结论对政府及相关企业具有重要的政策启示。

对于企业而言:①传统电力企业为保证利益,仍需长期保持对火电的稳定投资,以保持其市场份额,满足中国快速增长的电力需求;同时应尽快增加减排技术投资,短期内显著降低生产成本,尽快适应已经全面展开的全国碳排放权交易市场。②可再生能源电力企业应增加对可再生能源的研发投资,以降低可再生电力的生产和联网成本;此外,应尽快实现电力的完全平价,以促进我国电力系统的整体发展。③云计算企业应优先考虑负排放技术创新,实现减排效率的最大化;同时,加快风能、光伏、水电等新能源项目建设,发展碳捕集、利用和封存技术,也应考虑尽快加入碳排放权交易市场,以市场化手段促进自身绿色化转型和降碳增效,加大节能减排技术的研发力度,努力实现经济效益和环境保护的有机统一。

对于政府而言:①应继续加大碳交易力度,逐步提高碳交易价格,促使碳价压力向下游转移,使碳排放权作为一种商品长期存在。对于行业碳减排策略的开展要因时、因地制宜,充分考虑各时期碳排放效率的差异,合理分解节能目标,严禁"一刀切"现象的出现。②实施碳排放权交易政策和绿证交易政策,同时实施电价补贴政策,且补贴退坡势在必行。为维持电力市场的稳定,绿证交易市场的实施同样应在全国范围内逐步进行,建议先设立试点城市或省份,再逐步向全国推广;电价补贴政策在可再生能源电力发展初期提供了决定性的支持作用,但长期依赖补贴则可能导致市场扭曲;对于配额制的制定,政府应制定合理的惩罚和激励机制。③政府应加大对发电企业和电网企业的研发支持,从而对国家的环境、经济和能源结构发挥积极作用。④政府应注重与电力企业之间的合作,以共同实现碳减排和清洁能源发展的目标。

11.2 减排交易政策协同研究未来的展望

本研究关注我国现有的主要减排交易政策,针对各种政策建立相应的仿真模型,分别从不同的政策视角研究了单一或交叉减排交易政策的实施效果和影响,以助力解决中国能源结构及减排交易市场建立过程中面临的难题,为各利益主体提供发展策略建议,并丰富和发展我国减排交易政策研究的理论体系。本研究虽然获得了一些有价值的结论与建议,但仍有不足,有待未来改进和完善。

在模型构建时,为简化模型,本研究忽略了相关因素的影响,在未来的研究中应进一步完善拓展该模型。例如,在碳排放权交易与排污权交易的协同效应研究中,未来可以进一步从政策选择、发电方式与企业影响三个方面完善模型;在"双碳"目标下碳排放权交易政策的效应研究方面,可以进一步考虑将智能电网、储能的技术创新和进步纳入系统动力学模型,从而更贴近"碳中和"愿景的实现路径,并纳入碳税政策,以完善碳排放政策体系;在对碳排放权交易与绿色电力证书交易的协同效应研究中,可以进一步考虑不同可再生能源发电的差异性,以及将电价市场化、为证书设置价格上下限等方面的假设,并关注更多的现实政策及市场因素;在碳排放权交易、绿色电力证书与电价补贴机制的协同效应方面,未来研究应关注不同可再生能源发电的差异性和区域性,在可再生能源电力的发展过程中可能存在资源禀赋的限制等问题;未来在比较分析中国节能减排交易政策时,应进一步研究不同可再生能源发电的差异性,考虑更多现实政策及市场因素,以构建更精确科学的系统模型,得到更有价值的结论与建议。

此外,未来应进一步关注并提升研究的现实意义。在碳排放配额拍卖实施问题研究层面,本研究仅考察了浙江、北京和宁夏三个地区,未来研究应拓展更多典型地区,使范围覆盖全国,以排除地区特殊性带来的误差,提升研究的现实意义；在本研究模型的基础上,可以纳入供应链运输环节和企业投资决策等因素,使研究能更充分地反映现实,为企业决策和国家政策提供有力的理论支持；同时,未来研究可以关注并挖掘行业中的现实难点,加大政策技术咨询力度,提升各模型的实践意义。此外,未来研究还可以考虑更多现实政策及市场因素,例如宏观政府调控、国际市场交易等,以构建更精确科学的系统,得到更有价值的结论与建议。

参 考 文 献

ALCALDE J,SMITH P,HASZELDINE R S,et al. The potential for implementation of Negative Emission Technologies in Scotland[J]. International Journal of Greenhouse Gas Control,2018,76: 85-91.

AMUNDSEN E S,NESE G. Integration of tradable green certificate markets: what can be expected[J]. Journal of Policy Modeling,2009,31(6): 903-922.

AN X N, ZHANG S H, LI X. Equilibrium Analysis of Oligopolistic Electricity Markets Considering Tradable Green Certificates[J]. Automation of Electric Power Systems,2017,41(9): 84-89.

ANNA B,STAFFAN J. Are tradable green certificates a cost-efficient policy driving technical change or a rent-generating machine? Lessons from Sweden 2003-2008 [J]. Energy Policy, 2010, 38 (3): 1255-1271.

AUNE F R,DALEN H M,HAGEM C. Implementing the EU renewable target through green certificate markets[J]. Energy Economics,2012,34(4): 992-1000.

BANKER R D,CHARNES A,COOPER W W. Some models for estimating technical and scale inefficiencies in data envelopment analysis[J]. Management Science,1984,30(9): 1078-1092.

BATTINI D,CALZAVARA M,ISOLAN I,et al. Sustainability in material purchasing: A multi-objective economic order quantity model under carbon trading[J]. Sustainability,2018,10(12): 4438.

BERGEK A, JACOBSSON S. Are Tradable Green Certificates a Cost-efficient Policy Driving Technical Change Or a Rent-generating Machine? Lessons From Sweden 2003-2008[J]. Energy Policy,2010, 38(3): 1255-1271.

BETTLE R,POUT C H, HITCHIN E R. Interactions between electricity-saving measures and carbon emissions from power generation in England and Wales[J]. Energy Policy,2006,34(18): 3434-3446.

BIRD L,CHAPMAN C,LOGAN J,et al. Evaluating renewable portfolio standards and carbon cap scenarios in the U. S. electric sector[J]. Energy Policy,2011,39(5): 2573-2585.

BOOMSMA T K, MEADE N, FLETEN S. Renewable Energy Investments Under Different Support Schemes: a Real Options Approach[J]. European Journal of Operational Research, 2012, 220 (1): 225-237.

BORGHESI S. The European emission trading scheme and renewable energy policies: credible targets for incredible results? [J]. Int. J. of Sustainable Economy,2011,3(3): 334-341.

BRANDER M, ASCUI F, SCOTT V,et al. Carbon accounting for negative emissions technologies[J]. Climate Policy,2021,21(5): 699-717.

CAO Y,ZHAO Y,WEN L,et al. System dynamics simulation for CO_2 emission mitigation in green electric-coal supply chain[J]. Journal of Cleaner Production,2019,232: 759-773.

CHAPPIN E J,DIJKEMA G P. On the impact of CO_2 emission-trading on power generation emissions[J]. Technological Forecasting and Social Change,2009,76: 358-370.

CHARNES A,COOPER W W,RHODES E. Measuring the efficiency of decision making units[J]. European Journal of Operational Research,1978,2(6): 429-444.

CHEN X, LIN B. Towards carbon neutrality by implementing carbon emissions trading scheme: Policy evaluation in China[J]. Energy Policy,2021,157: 112510.

CHEN B W,XIAO Z H. Study on the property right of emission trading in China[J]. Advanced Materials Research,2011,233: 2087-2090.

CHEN J D, CHENG S L, NIKIC V,et al. Quo Vadis? Major Players in Global Coal Consumption and Emissions Reduction[J]. Transformations in Business & Economics,2018,17: 112-132.

CHENG B, DAI H, PENG W, et al. Impacts of carbon trading scheme on air pollutant emissions in Guangdong province of China[J]. Energy for Sustainable Development,2015,27: 174-183.

China Environment Statistical Yearbook (CESY). Available online: http://www. mee. gov. cn/gzfw_13107/hjtj/hjtjnb/201702/P020170223595802837498. pdf (accessed on 23 February 2017).

CHOI G, HUH S Y, HEO E, et al. Prices versus quantities: Comparing economic efficiency of feed-in tariff and renewable portfolio standard in promoting renewable electricity generation[J]. Energy Policy,2018, 113: 239-248.

CHU J, MING Z, YANG L, et al. Carbon Emissions Trading and Sustainable Development of Power Industry. In Proceedings of the International Conference on Electrical & Control Engineering, Hubei, China,25-27 June 2010.

CONG R G, WEI Y M. Experimental comparison of impact of auction format on carbon allowance market [J]. Renewable and Sustainable Energy Reviews,16(6): 4148-4153.

CONTALDI M, GRACCEVA F, TOSATO G. Evaluation of Green-certificates Policies Using the Markal-macro-italy Model[J]. Energy Policy,2007,35(2): 797-808.

CUI L B, FAN Y, ZHU L, et al. How will the emissions trading scheme save cost for achieving China's 2020 carbon intensity reduction target? [J]. Applied Energy,2014,136: 1043-1052.

DE C I, GUÉROUT T, DA C G, et al. Green energy efficient scheduling management[J]. Simulation Modelling Practice and Theory,2019,93: 208-232.

Deloitte,2018. The era of carbon constraint is coming, how should Chinese power enterprises deal with it[R].

DING H, ZHOU D, ZHOU P. Optimal Policy Supports for Renewable Energy Technology Development: a Dynamic Programming Model[J]. Energy Economics,2020: 104765.

DONG F, SHI L, DING X, et al. Study on China's Renewable Energy Policy Reform and Improved Design of Renewable Portfolio Standard[J]. Energies,2019,12(11): 2147.

DONG H, MO J, FAN Y, et al. Achieving China's energy and climate policy targets in 2030 under multiple uncertainties[J]. Energy Economics,2017,70: 45-60.

ESMAIELI M, AHMADI M. The effect of research and development incentive on wind power investment, a system dynamics approach[J]. Renewable Energy,2018,126: 765-773.

FAIS B, BLESL M, FAHL U, et al. Comparing Different Support Schemes for Renewable Electricity in the Scope of an Energy Systems Analysis[J]. Applied Energy,2014,131: 479-489.

FAJARDY M, PATRIZIO P, DAGGASH H A, et al. Negative emissions: priorities for research and policy design[J]. Frontiers in Climate,2019,1: 6.

FAN J, WANG J, HU J, et al. Optimization of China's Provincial Renewable Energy Installation Plan for the 13th Five-year Plan Based on Renewable Portfolio Standards[J]. Applied Energy,2019,254: 113757.

FENG T T, YANG Y S, YANG Y H. What will happen to the power supply structure and CO_2 emissions reduction when TGC meets CET in the electricity market in China? [J]. Renewable and Sustainable Energy Reviews,2018,92: 121-132.

FENG Y Y, CHEN S Q, ZHANG L X. System dynamics modeling for urban energy consumption and CO_2 emissions: A case study of Beijing, China[J]. Ecological Modelling,2013,252: 44-52.

FRIEDMAN D. Evolutionary Game in Economics[J]. Econometrica,1991,59(3): 637-666.

GALINIS A, LEEUWEN M. A cge model for lithuania: The future of nuclear energy[J]. Journal of Policy Modeling,2000,22(6): 691-718.

GHAFFARI M, HAFEZALKOTOB A. Evaluating different scenarios for Tradable Green Certificates by game theory approaches[J]. Journal of Industrial Engineering International,2018,15(3): 513-527.

GUO X. China's photovoltaic power development under policy incentives: A system dynamics analysis[J]. Energy,2015,93: 589-598.

HAMPF B,RØDSETH K L. Carbon dioxide emission standards for US power plants：An efficiency analysis perspective[J]. Energy Economics,2015,50：140-153.

HAO P,GUO J,CHEN Y,et al. Does a Combined Strategy Outperform Independent Policies? Impact of Incentive Policies on Renewable Power Generation[J]. Omega,2020,97：102100.

HELGESEN P I,TOMASGARD A. An Equilibrium Market Power Model for Power Markets and Tradable Green Certificates,Including Kirchhoff's Laws and Nash-cournot Competition[J]. Energy Economics,2018,70：270-288.

HUANG J,SHEN J,MIAO L. Carbon emissions trading and sustainable development in China：Empirical analysis based on the coupling coordination degree model[J]. International Journal of Environmental Research and Public Health,2021,18(1)：89.

HUANG Y,LIU L,MA X M,et al. Abatement technology investment and emissions trading system：A case of coal-fired power industry of shenzhen,china[J]. Clean Technologies and Environmental Policy,2015,17(3)：811-817.

HULSHOF D, JEPMA C, MULDER M. Performance of Markets for European Renewable Energy Certificates[J]. Energy Policy,2019,128：697-710.

JIANG J,XIE D,YE B,et al. Research on china's cap-and-trade carbon emission trading scheme：Overview and outlook[J]. Applied Energy,2016,178：902-917.

Jiaxing City Government. Notice on the Issuance of Measures for Trading the Emission Rights of Major Pollutants in Jiaxing (for Trial Implementation). Available online：http://www. jiaxing. gov. cn/art/2007/9/27/art_1590761_27355431. html(accessed on 27 September 2007).

JIN Y,LIU X,CHEN X,et al. Allowance allocation matters in China's carbon emissions trading system[J]. Energy Economics,2020,92：105012.

JOHANSSON P O, KRISTRÖM B. Welfare evaluation of subsidies to renewable energy in general equilibrium：Theory and application[J]. Energy Economics,2019,83：144-155.

JOHNSTON S. Nonrefundable tax credits versus grants：the impact of subsidy form on the effectiveness of subsidies for renewable energy [J]. Journal of the Association of Environmental and Resource Economists,2019,6(3)：433-460.

KAHRL F,WILLIAMS J,DING J H,et al. Challenges to China's transition to a low carbon electricity system[J]. Energy Policy,2011,39：4032-4041.

KALKUHL M,EDENHOFER O,LESSMANN K. Renewable energy subsidies：Second-best policy or fatal aberration for mitigation?[J]. Resource and Energy Economics,2013,35(3)：217-234.

KAMARZAMAN N A,TAN C W. A comprehensive review of maximum power point tracking algorithms for photovoltaic systems[J]. Renewable and Sustainable Energy Reviews,2014,37(3)：585-598.

KATAL A,DAHIYA S,CHOUDHURY T. Energy efficiency in cloud computing data center：a survey on hardware technologies[J]. Cluster Computing,2021：1-31.

KEOHANE N O. Cap and Trade,Rehabilitated：Using Tradable Permits to Control U. S. Greenhouse Gases [J]. Review of Environmental Economics & Policy,2009,3(1)：42-62.

KS C, COUTURE T, KREYCIK C. Feed-in Tariff Policy：Design, Implementation, and Rps Policy Interactions[J]. National Renewable Energy Laboratory,2009.

KWON T. Is the Renewable Portfolio Standard an Effective Energy Policy?：Early Evidence From South Korea[J]. Utilities Policy,2015,36：46-51.

LAGANÀ D, MASTROIANNI C, MEO M,et al. Reducing the operational cost of cloud data centers through renewable energy[J]. Algorithms,2018,11(10)：145.

LESSER J A,SU X. Design of an Economically Efficient Feed-in Tariff Structure for Renewable Energy Development[J]. Energy Policy,2008,36(3)：981-990.

LI Y,WANG X,LUO P,et al. Thermal-aware hybrid workload management in a green datacenter towards renewable energy utilization[J]. Energies,2019,12(8): 1494.

LI Y,ZHANG F,YUAN J. Research on China's Renewable Portfolio Standards From the Perspective of Policy Networks[J]. Journal of Cleaner Production,2019,222: 986-997.

LI J,ZHANG Y,WANG X,et al. Policy implications for carbon trading market establishment in China in the 12th five-year period[J]. Advances in Climate Change Research,2012(3): 163-173.

LI L,LIU D,HOU J,et al. The Study of the Impact of Carbon Finance Effect on Carbon Emissions in Beijing-Tianjin-Hebei Region—Based on Logarithmic Mean Divisia Index Decomposition Analysis[J]. Sustainability,2019,11: 1465.

LI W,JIA Z J. The impact of emission trading scheme and the ratio of free quota: A dynamic recursive cge model in China[J]. Applied Energy,2016,174: 1-14.

LI X Q,LIU M L. A research on emission trading policy in electric power market based on network equilibrium theory[J]. Operations Research & Management Science,2013: 869-870,420-425.

LIAO X L,LI X L,ZHANG B X. System Dynamics Modeling and Simulation of China's SO_2 Emission Trading Policy. In Proceedings of the International Conference on Computer Distributed Control & Intelligent Environmental Monitoring,Changsha,China,19-20 February 2011.

LIN X,ZHU X,HAN Y,et al. Economy and carbon dioxide emissions effects of energy structures in the world: evidence based on SBM-DEA model[J]. Science of the Total Environment,2020,729: 138947.

LIN W,LIU B,GU A,et al. 2013. 2. Industry competitiveness impacts of national ETS in China and policy options[J]. Energy Procedia,2015,75(16): 2477-2482.

LINARES P,JAVIER S F,VENTOSA M. Incorporating oligopoly, CO_2 emissions trading and green certificates into a power generation expansion model[J]. Automatica,2008,44: 1608-1620.

LIU J Y,WOODWARD R T,ZHANG Y J. Has carbon emissions trading reduced PM2.5 in China?[J]. Environmental Science & Technology,2021,55(10): 6631-6643.

LIU L,CHEN C,ZHAO Y,et al. China's carbon-emissions trading: Overview, challenges and future[J]. Renewable and Sustainable Energy Reviews,2015,49: 254-266.

LIU Q,MA Y,ALHUSSEIN M,et al. Green data center with IoT sensing and cloud-assisted smart temperature control system[J]. Computer Networks,2016,101: 104-112.

LIU Y,TAN X J,YU Y,et al. Assessment of impacts of hubei pilot emission trading schemes in China-a CGE-analysis using termco2 model[J]. Applied Energy,2017,189: 762-769.

LU Z. Emissions trading in China: Lessons from taiyuan SO_2 emissions trading program. Sustain[J]. Sustainability Accounting,Management and Policy Journal,2011,2(1): 27-44.

LV C,SHAO C,LEE C C. Green technology innovation and financial development: Do environmental regulation and innovation output matter?[J]. Energy Economics,2021,98: 105237.

MA C Q,REN Y S,ZHANG Y J,et al. The allocation of carbon emission quotas to five major power generation corporations in China[J]. Journal of Cleaner Production,2018,189(JUL. 10): 1-12.

MA X L,WANG H Q,WEI W X. The role of emissions trading mechanisms and technological progress in achieving China's regional clean air target: A cge analysis[J]. Applied Economics,2019,51: 155-169.

MARTIN R,MUÛLS M,WAGNER U J. The impact of the european union emissions trading scheme on regulated firms: What is the evidence after ten years?[J]. Review of Environmental Economics & Policy,2016,10: 129-148.

MING Z,KUN Z,JUN D. Overall review of China's wind power industry: status quo, existing problems and perspective for future development[J]. Renewable & Sustainable Energy Reviews, 2013, 24 (C): 379-383.

MO J L,AGNOLUCCI P,JIANG M R,et al. The impact of Chinese carbon emission trading scheme (ETS) on low carbon energy (LCE) investment[J]. Energy Policy,2016,89: 271-283.

MO J,AGNOLUCCI P,JIANG M. The impact of Chinese carbon emission trading scheme (ETS) on low carbon energy (LCE) investment[J]. Energy Policy,2016,89: 271-283.

MORTHORST P E. Interactions of a tradable green certificate market with a tradable permits market[J]. Energy Policy,2001,29(5): 345-353.

NAIR P N S B,TAN R R,FOO D C Y. Extended graphical approach for the implementation of energy-consuming negative emission technologies [J]. Renewable and Sustainable Energy Reviews,2022, 158: 112082.

National Development and Reform Commission (NDRC). Notice on the Implementation of Pilot Carbon Emission Trading. Available online: http://zfxxgk. ndrc. gov. cn/web/iteminfo. jsp? id＝1349 (accessed on 29 October 2011).

National Development and Reform Commission (NDRC). Notice on the Implementation of Key Tasks in the National Carbon Emission Trading Market. Available online: http://zfxxgk. ndrc. gov. cn/web/iteminfo. jsp? id＝2944 (accessed on 18 December 2017).

National Development and Reform Commission (NDRC). The 13th Five-Year Plan for Electric Power Development. Available online: http://zfxxgk. ndrc. gov. cn/web/iteminfo. jsp? id＝398 (accessed on 22 December 2016).

NDRC,2009. Notice on lowering the feed-in tariff for coal-fired power generation and the general prices for industrial and commercial electricity,Beijing,China.

NDRC,2013. Notice on matters related to the adjustment of additional standards for electricity prices of renewable energy and electricity prices for environmental protection,Beijing,China.

NDRC,2013. 2. Notice on lowering the feed-in tariff for coal-fired power generation and the general prices for industrial and commercial electricity,Beijing,China.

NDRC,2013. 3. Notice on the Improvement of Onshore Wind and Solar PV PowerGrid Benchmark Feed-In Tariffs. National Development and Reform Commission,Beijing,China.

NDRC,2014. The notice on the appropriate adjustment of onshore wind power benchmark feed-in tariff, Beijing,China.

NDRC,2017. National carbon emission trading market construction plan (power generation industry), Beijing,China.

NDRC,2018a. Notice on Adjustment of Onshore Wind and Solar PV Power Generation Feed-In Tariffs. National Development and Reform Commission,Beijing,China.

NDRC,2018b. Notice on Photovoltaic Power Generation in 2018. National Development and Reform Commission,Beijing,China.

NDRC,2019. The national energy administration of the national development and reform commission of the people's government of China has issued a notice on actively promoting the free and fair Internet access for wind power and photovoltaic power generation,Beijing,China.

NICOLINI M,TAVONI M. Are Renewable Energy Subsidies Effective? Evidence From Europe [J]. Renewable and Sustainable Energy Reviews,2017,74: 412-423.

NILSSON M,SUNDQVIST T. Using the market at a cost: how the introduction of green certificates in Sweden led to market in efficiencies[J]. Utilities Policy,2007,15(1): 49-59.

NUGENT R A. Teaching tools: A pollution rights trading game[J]. Economic Inquiry,1997,35: 679-685.

OESTREICH A M,TSIAKAS I. Carbon emissions and stock returns: Evidence from the EU Emissions Trading Scheme[J]. Journal of Banking & Finance,2015,58: 294-308.

OUYANG X,LIN B. Impacts of increasing renewable energy subsidies and phasing out fossil fuel subsidies in China[J]. Renewable and Sustainable Energy Reviews,2014,37: 933-942.

PETERSON D W,EBERLEIN R L. Reality check: a bridge between systems thinking and system dynamics [J]. System Dynamics Review,1994,10(2-3): 13.

PYRGOU A,KYLILI A,FOKAIDES P A. The Future of the Feed-in Tariff (fit) Scheme in Europe: the Case of Photovoltaics[J]. Energy Policy,2016,95: 94-102.

RINGEL M. Fostering the Use of Renewable Energies in the European Union: the Race Between Feed-in Tariffs and Green Certificates[J]. Renewable Energy,2006,31(1): 1-17.

RITZENHOFEN I,BIRGE J R,SPINLER S. The Structural Impact of Renewable Portfolio Standards and Feed-in Tariffs on Electricity Markets[J]. European Journal of Operational Research,2016,255(1): 224-242.

ROBALINO-LÓPEZ A, MENA-NIETO A, GARCÍA-RAMOS J E. System dynamics modeling for renewable energy and CO_2 emissions: A case study of Ecuador [J]. Energy for Sustainable Development,2014,20: 11-20.

ROELFSEMA M,VAN SOEST H L, HARMSEN M, et al. Taking stock of national climate policies to evaluate implementation of the Paris Agreement[J]. Nature Communications,2020,11(1): 1-12.

SCHUSSER S,JARAITE J. Explaining the interplay of three markets: Green certificates,carbon emissions and electricity[J]. Energy Economics,2018,71: 1-13.

SHERWOOD D. Seeing the forest for the trees: a manager's guide to applying systems thinking[J]. Leadership & Organization Development Journal,2002,24(2): 111-112.

SHI D,ZHANG C,ZHOU B,et al. The true impacts of and influencing factors relating to carbon emissions rights trading: a comprehensive literature review[J]. Chinese Journal of Urban and Environmental Studies (CJUES),2019,6(3): 1-22.

SLATER H,DE BOER D,SHU W,et al. The 2018 China Carbon Pricing Survey,July 2018,China Carbon Forum,Beijing.

SMITH P. Soil carbon sequestration and biochar as negative emission technologies[J]. Global Change Biology,2016,22(3): 1315-1324.

SODERHOLM P. The political economy of international green certificate markets[J]. Energy Policy,2008, 36(6): 2051-2062.

SONG X,HAN J,SHAN Y,et al. Efficiency of Tradable Green Certificate Markets in China[J]. Journal of Cleaner Production,2020,264: 121518.

STERN N. The Economics of Climate Change,1st ed. TSO (The Stationery Office): Britain,UK,2006, Volume 98,1-37.

STEWART C,SHEN K. Some joules are more precious than others: Managing renewable energy in the datacenter[C]//Proceedings of the workshop on power aware computing and systems. IEEE,2009: 15-19.

SUEYOSHI T,YUAN Y. Measuring energy usage and sustainability development in Asian nations by DEA intermediate approach[J]. Journal of Economic Structures,2018,7(1): 1-18.

SUN P,NIE P. A comparative study of feed-in tariff and renewable portfolio standard policy in renewable energy industry[J]. Renewable Energy,2015,74: 255-262.

SUN X,ALCALDE J,BAKHTBIDAR M,et al. Hubs and clusters approach to unlock the development of carbon capture and storage-Case study in Spain[J]. Applied Energy,2021,300: 117418.

TANG L,WU J Q,YU L A,et al. Carbon emissions trading scheme exploration in China: A multi-agent-based model[J]. Energy Policy,2015,81: 152-169.

TANG L,WU J Q,YU L A,et al. Carbon allowance auction design of China's emissions trading scheme: A multi-agent-based approach[J]. Energy Policy,2017,102: 30-40.

TAO X,WANG P,ZHU B. Provincial green economic efficiency of China: A non-separable input-output SBM approach[J]. Applied Energy,2016,171: 58-66.

TOMAS B,DALIA S. Sustainability in the electricity sector through advanced technologies: energy mix transition and smart grid technology in China[J]. Energies,2019,12: 1142.

TONE K. A slacks-based measure of efficiency in data envelopment analysis[J]. European Journal of Operational Research,2001,130(3): 498-509.

TONG L, DOU Y. Simulation study of coal mine safety investment based on system dynamics[J]. International Journal of Mining Science and Technology,2014,24(2): 201-203.

TU Q,BETZ R,MO J,et al. The profitability of onshore wind and solar PV power projects in China-A comparative study[J]. Energy Policy,2019,132: 404-417.

TU Q, BETZ R, MO J,et al. Achieving grid parity of wind power in China-Present levelized cost of electricity and future evolution[J]. Applied Energy,2019,250(1): 1053-1064.

TU Z G,SHEN R J. Can China's industrial SO_2 emissions trading pilot scheme reduce pollution abatement costs?[J]. Sustainability,2014,6: 7621-7645.

VERBRUGGEN A,LAUBER V. Assessing the performance of renewable electricity support instruments [J]. Energy Policy,2012,45: 635-644.

WANG H,SU B,MU H,et al. Optimal way to achieve renewable portfolio standard policy goals from the electricity generation,transmission,and trading perspectives in southern China[J]. Energy Policy,2020, 139: 111319.

WANG P,DAI H,REN S,et al. Achieving Copenhagen target through carbon emission trading: economic impacts assessment in Guangdong province of china[J]. Energy,2013,79(79): 212-227.

WANG P,DAI H,ZHAO D. Assessment of Guangdong carbon emission trading based on GD-CGE model [J]. Huanjing Kexue Xuebao / Acta entiae Circumstantiae,2014,34(11): 2925-2931.

WEI L,JIA Z. The impact of emission trading scheme and the ratio of free quota: a dynamic recursive cge model in china[J]. Applied Energy,2013,174: 1-14.

WOHLAND J,WITTHAUT D,SCHLEUSSNER C F. Negative emission potential of direct air capture powered by renewable excess electricity in Europe[J]. Earth's Future,2018,6(10): 1380-1384.

WU G,BALEŽENTIS T,SUN C W,et al. Source control or end-of-pipe control: Mitigating air pollution at the regional level from the perspective of the Total Factor Productivity change decomposition[J]. Energy Policy,2019,129: 1227-1239.

XIAO J,LI G,ZHU B,et al. Evaluating the impact of carbon emissions trading scheme on Chinese firms' total factor productivity[J]. Journal of Cleaner Production,2021,306: 127104.

XU G,ZOU J. The Method of System Dynamics: Principle[J]. Characteristics and New Development. Journal of Harbin Institute of Technology,2006,8(4): 72-77.

YAN J,YANG Y,ELIA CAMPANA P,et al. City-level analysis of subsidy-free solar photovoltaic electricity price,profits and grid parity in China[J]. Nature Energy,2019,4(8): 709-717.

YANG X, HE L, XIA Y, et al. Effect of government subsidies on renewable energy investments: the threshold effect[J]. Energy Policy,2019,132: 156-166.

YANG L,LI F,ZHANG X. Chinese companies' awareness and perceptions of the emissions trading scheme (ETS): evidence from a national survey in china[J]. Energy Policy,2013,98: 254-263.

YANG X, HE L, XIA Y, et al. Effect of government subsidies on renewable energy investments: The threshold effect[J]. Energy Policy,2019,132: 156-166.

YIN G,ZHOU L,DUAN M,et al. Impacts of carbon pricing and renewable electricity subsidy on direct cost of electricity generation: A case study of China's provincial power sector[J]. Journal of Cleaner Production,2018,205(PT. 1-1162): 375-387.

YING Z,XIN-GANG Z,ZHEN W. Demand side incentive under renewable portfolio standards: a system dynamics analysis[J]. Energy Policy,2020,144: 111652.

YU X,DONG Z,ZHOU D,et al. Integration of tradable green certificates trading and carbon emissions trading: How will Chinese power industry do? [J]. Journal of Cleaner Production,2021,279: 123485.

ZENG S X,MENG X H,YIN H T,et al. Impact of cleaner production on business performance[J]. Journal of Cleaner Production,2010,18(10-11): 975-983.

ZHANG Q,WANG G,LI Y,et al. Substitution effect of renewable portfolio standards and renewable energy certificate trading for feed-in tariff[J]. Applied Energy,2018,227: 426-435.

ZHANG W,LI J,LI G,et al. Emission reduction effect and carbon market efficiency of carbon emissions trading policy in China[J]. Energy,2020,196: 117117.

ZHANG W,ZHANG N,YU Y. Carbon mitigation effects and potential cost savings from carbon emissions trading in China's regional industry[J]. Technological Forecasting and Social Change,2019,141: 1-11.

ZHANG Y J,SHI W,JIANG L. Does China's carbon emissions trading policy improve the technology innovation of relevant enterprises? [J]. Business Strategy and the Environment,2020,29(3): 872-885.

ZHANG F W,GUO Y,CHEN X P. Research on China's power sector carbon emissions trading mechanism [J]. Energy Procedia,2011,12: 127-132.

ZHANG J R,WANG Z D,TANG L,et al. Research on the impact of carbon emission trading policies in beijing-tianjin-hebei region based on system dynamics[J]. Chinese Journal of Management Science, 2016,24: 1-8.

ZHANG W,CHIU Y B,HSIAO C Y L. Effects of country risks and government subsidies on renewable energy firms' performance: Evidence from China[J]. Renewable and Sustainable Energy Reviews, 2022,158: 112164.

ZHANG Y J,WANG A D,TAN W. The impact of china's carbon allowance allocation rules on the product prices and emission reduction behaviors of ets-covered enterprises[J]. Energy Policy,2013,86(1): 176-183.

ZHANG Y J,HAO J F. Carbon emission quota allocation among China's industrial sectors based on the equity and efficiency principles[J]. Annals of Operations Research,2017,255(1-2): 117-140.

ZHANG Y. Research on international carbon emissions trading and optimal exports scale of China carbon emissions[J]. Procedia Environmental ences,2011,10(Part A): 101-107.

ZHAO X,FENG T,CUI L,et al. The barriers and institutional arrangements of the implementation of renewable portfolio standard: a perspective of China[J]. Renewable and Sustainable Energy Reviews, 2014,30: 371-380.

ZHAO Q R,CHEN Q H,XIAO Y T,et al. Saving forests through development? Fuelwood consumption and the energy-ladder hypothesis in rural Southern China[J]. Business Economics,2017,16: 199-219.

ZHONG,SHAOZHUO,ZHAO,et al. Carbon labelling influences on consumers' behaviour: A system dynamics approach[J]. Ecological Indicators: Integrating,Monitoring,Assessment and Management, 2015,51: 98-106.

ZHAO R,ZHONG S. Carbon labelling influences on consumers' behavior: a system dynamics approach[J]. Ecological Indicators: Integrating,Monitoring,Assessment and Management,2015,51: 98-103.

ZHAO X G,WU L,LI A. Research on the efficiency of carbon trading market in china[J]. Renewable and Sustainable Energy Reviews,2017,79: 1-8.

ZHOU J G,LI Y S,HUO X J,et al. How to allocate carbon emission permits among China's industrial sectors under the constraint of carbon intensity? [J]. Sustainability,2019,11(3): 914.

ZHU C,FAN R,LIN J. The impact of renewable portfolio standard on retail electricity market: a system dynamics model of tripartite evolutionary game[J]. Energy Policy,2020,136: 111072.

ZHU Y,LI Y P,HUANG G H,et al. A dynamic model to optimize municipal electric power systems by considering carbon emission trading under uncertainty[J]. Energy,2013,88: 636-649.

ZUO Y, ZHAO X G, ZHANG Y Z, et al. From feed-in tariff to renewable portfolio standards：An evolutionary game theory perspective[J]. Journal of Cleaner Production,2019,213：1274-1289.

CAICT 中国信通院. 云计算发展白皮书[EB/OL].（2021-07-27）[2021-12-11]. http://www. caict. ac. cn/kxyj/qwfb/bps/202107/t20210727_381205. htm.

DOIT. 云计算耗电惊人占全球用电量的 8％[Z/OL].（2014-05-26）[2022-02-25]. https://www. doit. com. cn/p/195781. html.

Greenpeace 绿色和平. 点亮绿色云端：中国数据中心能耗与可再生能源使用潜力研究[Z/OL].（2019-09-17）[2022-02-26]. https://www. greenpeace. org. cn.

IEA 国际能源署. 中国能源体系碳中和路线图[Z/OL].（2021-09-01）[2022-02-26]. https://www. iea. org/reports/an-energy-sector-roadmap-to-carbon-neutrality-in-china.

IEA 国际能源署. 中国碳排放交易体系[Z/OL].（2020-06-01）[2022-02-26]. https://www. iea. org/reports/chinas-emissions-trading-scheme.

董福贵,时磊. 可再生能源配额制及绿色证书交易机制设计及仿真[J]. 电力系统自动化,2019,43(12)：113-122.

冯升波,黄建,周伏秋,等. 碳市场对可再生能源发电行业的影响[J]. 宏观经济管理,2019(11)：55-62.

高楠. 政府补贴对企业成长性的影响：以光伏企业为例[J]. 生产力研究,2017,296(3)：61-63,93,161.

郭祥冰,廖世忠,郭力群,等. 美国促进可再生能源发展的政策和实践：赴美考察调研报道[J]. 能源与环境,2004(4)：6-9.

国家发改委. 中华人民共和国国民经济和社会发展第十四个五年规划和 2035 年远景目标纲要[Z/OL].（2021-03-13）[2021-12-11]. https://www. ndrc. gov. cn/ xxgk/zcfb/ghwb/202103/P020210313315693279320. pdf.

郭姣,米锋,张勤. 中国农林生物质发电产业现行电价补贴效果研究[J]. 林业经济问题,2020,40(2)：155-164.

胡勇,杨铭. 中国碳交易定价特征分析：基于三地碳排放权交易所样本的观察[J]. 华北电力大学学报(社会科学版),2022(1)：18-26.

胡玉凤,丁友强. 碳排放权交易机制能否兼顾企业效益与绿色效率?[J]. 中国人口·资源与环境,2020,30(3)：56-64.

蒋轶澄,曹红霞,杨莉,等. 可再生能源配额制的机制设计与影响分析[J]. 电力系统自动化,2020,44(7)：187-199.

李步宵. 虚拟化技术在绿色数据中心建设中的应用[J]. 电子技术与软件工程,2021(20)：148-149.

李力,张昕. 不确定条件下固定上网电价政策的优化和评估[J]. 北京邮电大学学报,2017,40(4)：41-47.

李力,朱磊,范英. 不确定条件下可再生能源项目的竞争性投资决策[J]. 中国管理科学,2017,25(7)：11-17.

李力,朱磊,范英. 可再生能源配额机制下电力投资最优序贯决策模型[J]. 管理评论,2019,31(9)：37-46.

李星龙. 可再生能源电力配额制的解读及建议[J]. 科技经济导刊,2019,27(4)：104-105.

李雅琦,宋旭锋,高清霞. 我国碳排放交易市场发展现存问题及建设建议[J]. 环境与可持续发展,2018,43,689(3)：97-99.

梁吉,左艺,张玉琢,等. 基于可再生能源配额制的风电并网节能经济调度[J]. 电网技术,2019,43(7)：2528-2534.

梁钰,孙竹,冯连勇,等. 可再生能源固定电价政策和可再生能源配额制比较分析及启示[J]. 中外能源,2018,23(5)：13-20.

廖诺,赵亚莉,贺勇,等. 碳交易政策对电煤供应链利润及碳排放量影响的仿真分析[J]. 中国管理科学,2018,26(8)：154-163.

廖文龙,董新凯,翁鸣,等. 市场型环境规制的经济效应:碳排放交易、绿色创新与绿色经济增长[J]. 中国软科学,2020(6)：159-173.

林伯强,李江龙. 基于随机动态递归的中国可再生能源政策量化评价[J]. 经济研究,2014,49(4)：89-103.

刘魏巍,李翔. 基于系统动力学的浙江省物流业碳减排策略分析[J]. 物流技术,2018,37(9)：6-12.

刘晓蒙.绿色证书价格形成机制及其对电力市场的影响[D].北京：华北电力大学,2013.

罗承先.美国加州的可再生能源配额制及对我国的启示[J].中外能源,2016,21(12)：19-26.

马子明,钟海旺,谭振飞,等.以配额制激励可再生能源的需求与供给国家可再生能源市场机制设计[J].电力系统自动化,2017(24)：96-102,125.

邵传林.制度环境、财政补贴与企业创新绩效：基于中国工业企业微观数据的实证研究[J].软科学,2015,29(9)：34-37,42.

时佳瑞,蔡海琳,汤铃,等.基于CGE模型的碳交易机制对我国经济环境影响研究[J].中国管理科学,2015(S1)：801-806.

史丹.中国可再生能源发展目标及实施效果分析[J].南京大学学报（哲学·人文科学·社会科学）,2009,46(3)：29-36.

宋杰,孙宗哲,刘慧,等.混合供电数据中心能耗优化研究进展[J].计算机学报,2018,41(12)：2670-2688.

宋璐璐,曹植,代敏.中国乘用车物质代谢与碳减排策略[J].资源科学,2021,43(3)：501-512.

孙铭君,彭红军,王帅.碳限额下木质林产品供应链生产与碳减排策略[J].林业经济,2018,40(12)：77-81,115.

万小玲.考虑绿色证书交易的电力市场均衡模型[J].广东化工,2018,45(9)：84,87-89.

王辉,陈波波,赵文会,等.可再生能源配额制下跨省区电力交易主体最优决策[J].电网技术,2019,43(6)：1987-1995.

王珊珊,张李浩,范体军.基于碳减排技术的竞争供应链投资均衡策略研究[J].中国管理科学,2020,28(6)：73-82.

魏宇昂.碳排放权与绿色证书交易制度的交互作用及其经济绩效[D].北京：华北电力大学,2016.

吴萌,任立,陈银蓉.城市土地利用碳排放系统动力学仿真研究：以武汉市为例[J].中国土地科学,2017,31(2)：29-39.

习近平在第七十五届联合国大会一般性辩论上发表重要讲话[EB/OL].(2020-09-20)[2021-12-11].http://www.gov.cn/xinwen/2020-09/22/content_5546168.htm.

许可,李祖剑.葡萄牙风电固定电价政策解析及启示[J].水电与新能源,2014,119(5)：72-76.

阳芳,周源俊.利用光伏上网电价政策促进我国光伏产业发展的思考：德国光伏上网电价政策及其对我国的启示[J].价格理论与实践,2010,314(8)：42-43.

杨挺,姜含,侯昱丞,等.基于计算负荷时-空双维迁移的互联多数据中心碳中和调控方法研究[J].中国电机工程学报,2022,42(1)：164-177.

余顺坤,周黎莎,李晨.基于可再生能源配额制的绿色证书交易SD模型设计[J].华东电力,2013,41(2)：281-285.

余顺坤,毕平平,杨文茵,等.基于配额制的可再生能源动态发展系统动力学研究[J].中国电机工程学报,2018,38(9)：2599-2608,2828.

岳子桢,刘蓓蓓.基于利益相关群体的碳减排策略与潜力分析：以苏州市为例[J].中国环境管理,2018,10(6)：79-86.

张浩,赵清松,石建磊,等.中国绿色电力证书交易定价决策研究[J].价格理论与实践,2019(9)：42-45.

张俊荣,工孜丹,汤铃,等.基于系统动力学的京津冀碳排放交易政策影响研究[J].中国管理科学,2016,24(3)：1-8.

张力菠,葛禄璐,陈昌奇,等.电价补贴退坡趋势下户用光伏发展演化的仿真研究[J].系统仿真学报,2021,33(6)：1397-1405.

赵洱崇,刘平阔.固定电价与可再生能源配额交易的政策效果：基于生物质发电产业[J].工业技术经济,2013,32(9)：125-137.

赵晓丽,蔡琼,胡雅楠.中国火电产业环境外部成本分析[J].北京理工大学学报（社会科学版）,2016,18(1)：10-17.

赵新刚,任领志,万冠.可再生能源配额制、发电厂商的策略行为与演化[J].中国管理科学,2019,27(3)：

168-179.

赵新刚,王晓永.基于双边拍卖的可再生能源配额制的绿色证书交易机制设计[J].可再生能源,2015,33(2)：275-282.

周德群,许晴,马骥,等.基于演化博弈的光伏产业支持政策研究[J].技术经济与管理研究,2018(3)：114-119.

周梅荣,周明,潘燕春,等.C&T条件下碳权交易市场研究：基于多智能体仿真的分析[C].中国系统工程学会第十八届学术年会,2014.